咖啡师宝典

咖啡控必备的第一本书

杨海铨 著

中国纺织出版社

推荐序一

在这多元的社会，人人都想对国家、对社会、对家庭有所贡献，使生活更加美好，而餐饮是优质生活中非常重要的一环，在这环节中，咖啡饮料更是扮演着很重要的角色，在此领域的杰出的导航者杨海铨老师就是非常出色的专家。

杨老师累积了多年咖啡馆经营及教学的经验，今倾囊相授，与读者及有兴趣的同行分享经验，推广流行新知。期待此书能为咖啡爱好者及从业人员提供帮助。

中国台湾文化大学生活应用科学系教授兼系主任

林素一

推荐序二

本土饮品天王——杨海铨

一位徒手创业的咖啡厅"小弟"，一本活的饮品宝典！

认识杨海铨老师20年有余，率性热情如他，没见过他脸上有过倦容，总是笑容可掬。额头上认真教学的汗珠，是杨老师永葆青春之露，千锤百炼的实践经验，发光发热照亮莘莘学子，他的学生皆可以成为快乐幸福的饮品大师。

20多年前台湾的音乐餐厅至少有50家以上，现今取而代之的是饮品市场的包罗万象，而旺盛的创业动力比比皆是。开店创业除了需要资金、硬件、技术等基本条件之外，更重要的是自己的坚持、乐观和情商，如何增加自己产品的附加价值、坚持自己的品牌特色，是每一位创业者应思考的问题，一如China Pa中国父音乐餐厅开店17年了，坚持要有好的乐团才能吸引客人，因此走出了自己的风格，不被市场淘汰。

今年杨老师再次出版关于咖啡饮品的书籍，有最新的调制方法，相信对咖啡爱好者，或是有心创业的人而言，这是一本很有助益的书。

祝福你们的未来充满喜乐和成功，热情地坚持，勇敢地走下去。

China Pa中国父音乐餐厅

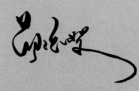

作者序

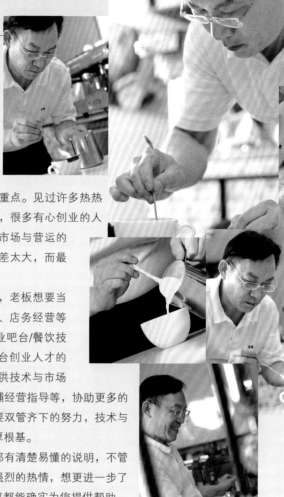

我从事餐饮专业技术教学与辅导开店工作20余年，学生们遍及各行业，每个人对创业都怀着无比的热忱和冲劲，只是在开放性竞争的市场里，机会很多，消费者的选择也很多，在太多同质产品的竞争下，"要如何让消费者看到你的店？"是我在课堂上常拿来和学生讨论的重点。见过许多热热闹闹的开店，短时间就静悄悄落幕的例子，很多有心创业的人努力研习吧台技术，但碍于信息不足，对市场与营运的认知有限，造成了创业期待与开店实际落差太大，而最后草草收场。

开店只是个开头，还有更长的路要走，老板想要当得长久，不仅产品技术要专业，商圈评估、店务经营等规划更要专业，这也是我创办"杨海铨创业吧台/餐饮技艺补习班"的主因。多年辅导培训餐饮吧台创业人才的经验，结合市场分析的专业智囊团队，提供技术与市场的两大专业资讯，以及开店商圈评估与店铺经营指导等，协助更多的创业有心人圆创业的梦想。创业的成功需要双管齐下的努力，技术与营运规划的专业，才能奠定永续经营的深厚根基。

本书从产品设备到咖啡饮品调制技巧都有清楚易懂的说明，不管您是想要开店、将要开店、或是对咖啡有强烈的热情，想更进一步了解各类型咖啡调制的独门秘籍，希望这本书都能确实为您提供帮助。

最后要感谢参与本书制作、提供建议、分享经验的所有朋友们，你们的协助让本书的内容更加丰富。也谢谢所有不辞辛劳工作的伙伴，你们的努力让本书得以完美呈现。更谢谢所有翻阅本书的读者朋友们，希望借助这本书，成功圆您的咖啡梦。

谨致上我最诚挚的谢意

杨海铨〔世任〕

各式咖啡冲煮器的使用说明

1 冲煮器名称：本道咖啡冲煮器名称，书中介绍了7种基本手工咖啡的煮法。

2 冲煮器的使用方法：介绍本咖啡冲煮器的起源及特色。

3 用杯容量：使用本冲煮器煮咖啡，一次煮出所使用杯子的容量，若该冲煮器没有标明容量，则无标注。

4 咖啡量：使用本冲煮器煮咖啡，该豆子一次的使用量。

5 研磨度：使用本冲煮器煮咖啡，该豆子的最佳研磨程度。

6 用水量：使用本冲煮器煮咖啡一次需要的水量。

7 冲煮方法：使用本冲煮器的详细操作步骤，并以图片呈现。

8 独家秘籍：使用本冲煮器制作或必备的器具。

9 单品咖啡冲煮建议：以表格的方式说明，可替换其他咖啡豆、豆子的烘焙程度及研磨度。

10 制作重点提示：说明使用本冲煮器制作时应特别注意的事项。

本书食谱使用说明

1 食谱名称： 本道饮品或餐点的名称，若有 ☕ 图示，表示为热饮，有 🥤 图示，表示为冰饮。

2 材料： 制作本道饮品或餐点所需使用到的材料及分量。

3 做法： 制作本道饮品或餐点的操作步骤。

4 步骤图： 制作本道饮品或餐点时，需特别留意的制作过程。

5 独家秘籍： 本道饮品或餐点，制作过程中的注意事项以及相关知识。

Content 目录

第一章

制作咖啡的
设备和原料

Coffee

设备和原料

吧台设备

▼ 自动浓缩（意式）咖啡机

外形尺寸（厘米）：72×54×58

用途说明：新时代的咖啡机；饮料按键可单独设定参数，内有2台定量磨豆机并具备2个定量热水按键、3种自动奶泡模式，人人都可制作出品质稳定的意式咖啡。

► 磨豆机

外形尺寸（厘米）：
37×57×22

用途说明：用来将咖啡豆研磨成咖啡粉。

▼ 半自动咖啡机

外形尺寸（厘米）：72×50.5×52

用途说明：用来制作意式浓缩咖啡的机器，其蒸汽管可以打奶泡。

► 食物调理机（冰沙机）

外形尺寸（厘米）：21×23×46

容量2000毫升

用途说明：可制作果汁或冰沙。

► 电磁炉

外形尺寸（厘米）：33×43×10

用途说明：可加热或煮制材料。

▲ 冷冻冷藏工作台

外形尺寸（厘米）：150×70×80

容积300升

用途说明：用来冷藏咖啡、茶饮、冰沙、果酱、水果、简餐原料等相关物料。

▲ 华夫饼机

外形尺寸（厘米）：26×37×31；煎盘18×2.5

用途说明：可用来制作厚2.5厘米的华夫饼。

► 制冰机

外形尺寸（厘米）：
76×81×154

用途说明：接上给水系统，可自动制作冰块的机器。

◄ 陶板帕尼尼机

外形尺寸（厘米）：
33×46×18

用途说明：可加热帕尼尼（Panini）三明治。

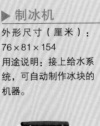

▲ 单孔热水机

外形尺寸（厘米）：23×28×38

用途说明：直接从水龙头接水，打开即为沸腾的热开水。

▶ 摇酒器（雪克杯）

外形尺寸：有360毫升（小）. 530毫升（中）. 730毫升（大）等不同容量

用途说明：可将材料充分混合均匀，并使其产生泡沫，让饮品更美味。

器具&耗材

◀ 盎司杯（量酒器）

外形尺寸：分为0.5盎司/1盎司以及1盎司/1.5盎司两种不同容量

用途说明：测量浓缩汁、糖浆、果露等液态材料的工具。

▶ 咖啡豆匙、吧台匙

外形尺寸（厘米）：分为21.5、32/26等不同长度

用途说明：咖啡豆匙用来量取咖啡豆或咖啡粉（1匙约8克），吧台匙为搅拌溶解材料之用。

▶ 手冲细口壶

外形尺寸：1~1.8升

用途说明：内装热开水，用来冲泡咖啡或花草茶。

▶ 虹吸壶Syphon（HARIO）

外形尺寸：TCA3（3人份）、TCA2（2人份）

用途说明：咖啡的冲煮器之一，使用方法请见P25。

▼ 过滤杯、滤纸

外形尺寸：过滤杯分为单孔、三孔的滴滤设计，滤纸分为漂白处理（呈白色）和未漂白处理（呈土黄色）两种

用途说明：用来滴滤咖啡的器具和耗材，使用方法请见P31。

▲ 咖啡杯组、花茶杯组

外形尺寸：根据需求，选择不同容量的杯组

用途说明：用来盛装咖啡和花茶的器皿。

▲ 咖啡专用大冲袋组

外形尺寸：以一组为单位，包含三角冲架. 法兰绒布

用途说明：用来冲煮大量冰咖啡的器具，使用方法请见P41。

▲ 压榨器

外形尺寸：根据需求

用途说明：使用于压榨柑橘类的水果，例如橙子、柠檬、金桔。

◀ 耐热玻璃茶壶

外形尺寸：600毫升、400毫升

用途说明：可用来冲泡多种类茶。

▶ 鲜奶油喷枪. 氮气空气弹

外形尺寸：鲜奶油喷枪，氮气空气弹以一组为单位，10个/盒

用途说明：用来制作发泡鲜奶油的器具，使用方法请见P60。

燃气炉

外形尺寸：通常以一组为单位

用途说明：一边可煮热开水，一边可以使用虹吸壶来煮制咖啡。

◀ 雪平锅

外形尺寸：直径22厘米

用途说明：铝材质，导热快，可用来加热液体材料。

物料

糖 类

▼ 细砂糖

容量规格：100包/袋

用途说明：细砂糖一包8克，常用于热饮的制作。

▲ 果糖

容量规格：25升/桶

用途说明：适用于冷饮，若用于热饮上则由于较易产生酸味而影响口味。

方糖

容量规格：72颗/盒（5克/颗）

用途说明：适用于手工咖啡的制作。

▶ 结晶冰糖

容量规格：100袋/包

用途说明：结晶冰糖一包8克，颗粒较细砂糖粗。

◀ 蜂蜜

容量规格：每桶700毫升至2500毫升不等

用途说明：具有甜香的味道、顺滑的口感和丰富的营养，搭配冰咖啡或热咖啡皆宜，在花草茶、水果茶中的运用也很普遍。

酒 类

容量规格：依个人需求，选用不同酒类

用途说明：和咖啡搭配使用，常见的有君度力娇酒、卡鲁哇酒、奶油酒、杏仁酒、薄荷酒、白兰地、威士忌、朗姆酒。

▼ 果露糖浆

容量规格：依个人需求，选用不同口味

用途说明：和咖啡搭配使用，常见的有焦糖、榛果、香草等口味，也可以利用不同的颜色，做出色彩缤纷的分层咖啡。

奶制品类

◀ 奶精粉

容量规格：450克/包
用途说明：用于调制乳类产品。

▶ 奶精球

容量规格：10毫升/颗（20颗为1包）、5毫升/颗（50颗为1包）

用途说明：通常是随咖啡附上给顾客自由使用。

▶ 炼乳

容量规格：375克/罐
用途说明：用于调制乳类产品，较甜。

◀ 鲜奶油

容量规格：1000毫升/盒
用途说明：为制作发泡鲜奶油的材料，须搭配鲜奶油喷枪使用。

▲ 牛奶、豆浆

容量规格：豆浆选用原味含糖产品，牛奶可依需求选用不同乳脂含量

用途说明：加入饮品中拌匀使用，或将牛奶、豆浆打成奶泡加入咖啡、茶饮中使用。

▲ 红盖鲜奶油

容量规格：500毫升/瓶
用途说明：为大容量的奶精，和奶精球属于同一种材料，加入咖啡中可以增加奶香味。

咖啡物料建议口味参考表

品名	单位	品名	单位
各式咖啡豆		茶叶	
夏威夷（科那）	克	玫瑰铁观音茶末（600克）	包
黄金曼特宁	克	桂花乌龙茶末（600克）	包
非洲（耶加雪菲）	克	炭焙乌龙茶末（600克）	包
肯尼亚AA	克	浓香乌龙绿茶末（600克）	包
意大利进口Musetti 咖啡豆	克	热带水果红茶末（600克）	包
特级意大利咖啡豆	克	热带水果绿茶末（600克）	包
意大利咖啡豆	克	锡兰红茶包（100袋）	盒
曼特宁	克		
曼巴	克	各式浓缩汁	
特配冰咖啡	克	浓缩橙汁（2千克）	罐
		野生百香果浓缩汁（640毫升）	瓶
各式果露		菠萝浓缩汁（2.5千克）	罐
香草果露（100毫升）	瓶	黑糖浆（5千克）	罐
焦糖果露（1000毫升）	瓶		
榛果果露（1000毫升）	瓶	各式粉类	
薄荷果露（700毫升）	瓶	奶绿抹茶冰沙粉（1千克）	包
玫瑰果露（700毫升）	瓶	摩卡咖啡冰沙粉（1千克）	包
栗子香草果露（700毫升）	瓶	薄荷巧克力冰沙粉（1千克）	包
吉尼士枫糖浆（750毫升）	瓶	原味冰沙粉（1千克）	包
吉尼士荔枝糖浆（1230毫升）	瓶	意大利进口巧克力粉（1千克）	包
		皇家奶精粉（454克）	包
各式酱类			
巧克力酱（1.3千克）	瓶	其他	
奶茶焦糖酱（1.3千克）	瓶	龙眼花蜜（2.5千克）	桶
桑果小红莓装饰酱（454克）	瓶	优质果糖（25千克）	桶
白巧克力装饰酱（454克）	瓶	水晶冰糖包（100袋）	包
黑巧克力装饰酱（454克）	瓶		
蜂蜜柚子茶（2千克）	罐		

认识咖啡豆

平豆和圆豆

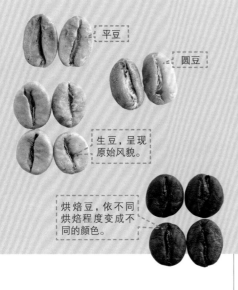

平豆

圆豆

生豆，呈现原始风貌。

烘焙豆，依不同烘焙程度变成不同的颜色。

咖啡树是一种茜草科多年生的常绿灌木，其果实呈鲜红色，很像樱桃，因此被称为"咖啡樱桃"，而果实里面有一对椭圆形的种子，这个种子就是我们所说的咖啡豆，或者是"平豆"。而这一对椭圆形的种子，有时会因为生长发育的关系，变成只剩下一颗圆圆的种子，就被称为"圆豆"，是比较贵的豆子。

Q：咖啡豆采收之后，就能煮成咖啡了吗？

A：咖啡豆采收之后称为"生豆"，它不能直接用来煮成咖啡，必须经过清洗、晒干、烘焙等许多复杂的加工工序后，才能成为我们所熟悉的咖啡豆，也就是我们所说的"烘焙豆"，只有烘焙豆才能拿来煮成咖啡。

咖啡品种

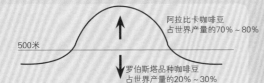

500米

阿拉比卡咖啡豆占世界产量的70%～80%

罗伯斯塔品种咖啡豆占世界产量的20%～30%

就像所有的农产品一样，咖啡豆也有品种的分别，而目前咖啡豆最主要有两个品种，分别是"阿拉比卡"（Arabica）和"罗伯斯塔"（Robusta）。

阿拉比卡品种是最早为人所知的，适合栽培在海拔高度500～1000米的倾斜地，产量占世界总产量的70%～80%。而罗伯斯塔品种，则适合栽培在海拔高度500米以下的倾斜地，约占世界总产量的20%～30%。

阿拉比卡豆，气味较为清香温和，带酸味。

罗伯斯塔豆，苦味较强，常被用来做为调配综合豆或速溶咖啡。

Q1：栽培的海拔高低会影响咖啡的风味吗？

A1：一般而言，咖啡豆的种植海拔越高，其咖啡香气就会越浓，口味也会偏酸，例如阿拉比卡咖啡豆；反之，种植海拔越低其咖啡香气就会越淡，口味就会偏苦，如罗伯斯塔咖啡豆。因此不同的咖啡豆会因为栽种地点不一样，呈现出不同特色，煮出来的咖啡当然就会各有不同了。

Q2：如何一眼就能判断出阿拉比卡和罗伯斯塔这两种不同的咖啡豆？

A2：观察生豆的形状就能轻易分辨出这两个品种的不同。阿拉比卡品种咖啡豆的生豆较大、较细长，并呈现出扁平的椭圆形。罗伯斯塔咖啡豆则较短小、较圆，呈现出短椭圆的形状。

咖啡豆的烘焙

　　"烘焙豆"就是指将生的咖啡豆使用不同的火力来加热，使咖啡豆呈现出独特的颜色、香味和风味，所以不同的烘焙程度会使咖啡豆产生不同的色泽、酸味、甘甜、苦味、醇度及香味。

　　一般而言，咖啡豆的烘焙程度可以分为浅烘焙、中烘焙、城市烘焙和深烘焙，经过烘焙碳化过程，咖啡所含的脂类、糖类会被分解，因此，烘焙程度越深，酸味会越淡而苦味则越重，反之，浅焙的咖啡豆则较酸。

　　烘焙成功的咖啡豆，可以将原本咖啡豆的酸味、苦味和香气引出来，也就是将它原来的个性发挥得淋漓尽致。

中浅烘焙豆，酸味大于苦味。

深烘焙豆，苦味较重。

中烘焙豆，酸味、苦味皆有。

浅烘焙豆，酸味较重。

Q1：不同的咖啡豆可以混合使用吗？

A1：烘焙完成的咖啡豆，可以仅用单一品种的咖啡豆煮制成咖啡，例如：使用蓝山咖啡豆煮成"蓝山咖啡"，但也可以将不同烘焙程度的咖啡豆，依照比例混合做出调配咖啡豆，因此不同的咖啡豆是可以混合使用的，我们就称之为"调配咖啡豆"。

　　咖啡豆的混合方法有很多，除了选择良质豆之外，了解单品咖啡豆本身的风味，以及因烘焙程度不同所产生的风味变化，才是混合调配咖啡豆最重要的功力。其基本的混合方式如下所述。

（1）决定基础豆：以基础豆为主，再来挑选其他种类的咖啡豆，依比例混合而成。例如：以曼特宁咖啡豆为基础豆，将曼特宁咖啡豆混合巴西咖啡豆调配出曼巴咖啡豆，若将巴西咖啡豆改换成蓝山咖啡豆，就调配出曼蓝咖啡豆了。

（2）组合烘焙程度完全相反的咖啡豆，以增添咖啡的风味。例如：美式咖啡豆、冰咖啡豆、特调（综合）热咖啡豆。

（3）组合咖啡豆原本属性相似的咖啡豆和整体风味，再加入富有个性的咖啡豆来增加风味。例如：意式咖啡豆、炭烧咖啡豆。

Q2：咖啡豆烘焙完成后，会有怎样的时间变化呢？

A2：烘焙程度对咖啡豆的保存有很大的影响，烘焙程度越深的豆子，它氧化变质的速度越快，所以深烘焙豆一定会比浅烘焙豆氧化变质得快。而未烘焙的生豆，在适当的环境下可以保存3~5年甚至更久。

附表——咖啡烘焙后的时间变化

时间	咖啡豆内部的变化	品尝口味
2~24小时	内部的化学反应还在持续进行中，此时咖啡豆会释放出大量的二氧化碳，称为排气现象。	口感干涩，香味不明显
1~3天	内部化学反应和排气渐渐放缓	有明显香味，口感较干涩
3~15天	排气稳定	香味口感丰富，风味的巅峰
15~30天	排气渐慢	口感平顺，香味减弱
30天以后	停止排气	味道逐渐走失

常用咖啡豆和优质咖啡豆

选豆、用豆是一项很重要的工作，下面就将经常使用的咖啡豆和优质咖啡豆进行图示介绍。

常用的咖啡豆

中浅烘焙豆　＋　深烘焙豆　＝　冰咖啡豆

浅烘焙咖啡豆　＋　中烘焙咖啡豆　＝　综合咖啡豆

摩卡咖啡豆（产地豆）

哥伦比亚咖啡豆（产地豆）

中南美洲巴西咖啡豆

调和蓝山咖啡豆

优质咖啡豆（包含庄园咖啡豆）

马拉巴尔

产地：印度

特性：特殊风味，不酸，滑腻可口、味浓、回甘强，每年6月至9月吸收了西南风所带来的海风和湿气，最后咖啡豆由绿色变为黄白色，因此又俗称季风咖啡。

科纳

产地：夏威夷群岛的西部科纳区莫纳罗亚（Maunaloa）火山斜坡

特性：香浓独特，其口感柔顺、浓香，有独特的甘甜味，具有最完美的均衡度。

波多黎各

产地：波多黎各

特性：味道芳香浓烈，饮后回味悠长。

黄金曼特宁

产地：印尼的苏门答腊岛

特性：风味浓郁，口感醇厚，润滑顺口，略带苦味，有种山野的芬芳，可以说是咖啡中的极品。

16

中南美洲危地马拉（安提瓜）
产地：危地马拉的高山
特性：微酸，香醇适中，品质优良，带点炭烧味。

夏威夷圆豆
产地：夏威夷
特性：精选圆豆集结成一包，味甘醇浓郁，酸苦适中，中度烘焙。

肯尼亚AA
产地：肯尼亚
特性：香浓有味，酸度适中，依豆子大小及味道分成6~7个等级。

台湾古坑
产地：台湾云林古坑
特性：酸苦适中，口味甘醇浓郁。

古巴蓝山
产地：古巴
特性：中浅烘焙，略带果酸味，严选大颗咖啡豆集结成一包。

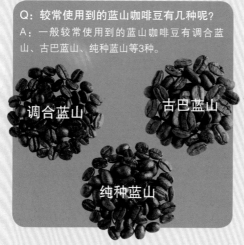

Q：较常使用到的蓝山咖啡豆有几种呢？
A：一般较常使用到的蓝山咖啡豆有调合蓝山、古巴蓝山、纯种蓝山等3种。

调合蓝山
古巴蓝山
纯种蓝山

薇薇特南果
产地：危地马拉薇薇特南果的伙伴庄园
特性：因薇薇特南果属于火山土壤，所以这一地区的咖啡带有果香和坚果香，口感细腻。后段带有巧克力、香料性的喉韵，建议烘焙程度为中烘焙接近中深烘焙。

日晒西达摩
产地：埃塞俄比亚
特性：口感细腻明亮，带有热带水果的风味、鼻腔略带花蜜香气及蜂蜜的甜感，酸味明亮、干净，后段略带莓果的酸质和口感。

日晒耶加雪菲
产地：埃塞俄比亚
特性：跟水洗法的耶加雪菲豆子相比较，它的口感会扎实很多，带有蓝莓、莓果等莓类风味的酸味，及柑橘果皮的香气，尾韵略带意大利红酒的浓郁，浅中烘焙后香气鲜明。

水洗耶加雪菲
产地：埃塞俄比亚
特性：酸质明亮而尖锐，口感带柠檬的酸质、茉莉花的芬芳，中段带有辛香料口感，后段则具有茶类的香气。

哥伦比亚摩卡小圆豆蜜
产地：哥伦比亚希望庄园
特性：豆子大小几乎是一般咖啡豆的一半，前段带有坚果、奶油、白巧克力、杏仁的喉韵，中后段带有果皮、柑橘的香气，尾段则略带荔枝的甜感，口感层次丰富。

庄园咖啡豆的定义

庄园咖啡豆是指在特别的气候或条件下生产出来的咖啡豆，带有独特的香气。它可能来自单一庄园或是由数个咖啡农庄组成的合作社生产，因为可以知道生产者的资讯，产出的咖啡品质较有保障。

目前较知名的有埃塞俄比亚的耶加雪菲和西达摩、危地马拉的薇薇特南果和印度尼西亚的曼特宁等。

咖啡豆的处理法

庄园咖啡豆会标明日晒、水洗或蜜处理，这是咖啡豆的加工法，分别叙述如下。

·日晒法

日晒法又称自然干燥法，是最原始的咖啡豆处理法，顾名思义就是将咖啡直接由阳光晒干，再用机器剔除果皮和果肉。这种方法处理过的咖啡豆，因曝晒过程夹杂着果肉发酵，会带有酒香味。

·水洗法

剥除果肉后，通过发酵去除表面黏膜，再用大量水反复清洗，以这样的加工法完成的咖啡豆味道纯粹，豆子的外观和品质较优。

·蜜处理法

吸取了上面两种加工法的优点。将果肉剥除后，带有内果皮的果实晒干、干燥的过程，因果核表面的水分会蒸发，变得和蜂蜜一样黏稠，使得咖啡豆的甜度增加，口感更加圆润。

咖啡豆和咖啡粉的保存方式

经过烘焙的咖啡豆，容易受到空气的氧化作用，导致油脂劣化、香气散失，同时也会因储存时的温度、湿度、阳光照射等因素而加速变质。因此，如何保持咖啡的品质和香味，如何保存咖啡豆就成了一门重要的功课。

咖啡豆的保存

咖啡豆的保存原则就是要隔绝光线、高温和烟气，同时，因为咖啡豆在烘焙之后会排放出大量的二氧化碳，如果此时咖啡豆不断地与空气接触，便会加速其氧化，而使咖啡的美味尽失。所以，厂商会将咖啡豆放入具有单向排气阀的包装袋中包装起来，这样就可以将咖啡豆在袋中所产生的二氧化碳排放出去，也可以防止外部空气进入包装袋中。

但是，如果咖啡豆一经开封后并没有马上使用完毕，那就需要先将包装袋中的空气挤出后，再放入密封罐中。一般而言，开封后的咖啡豆在室温下可保存约一个月。

咖啡粉的保存

使用刚研磨好的咖啡粉是制作美味咖啡的第一要诀。但和咖啡豆相比，咖啡粉在保存的过程中比较容易酸化或劣化，气候潮湿的地区更容易产生这种状况，所以建议在需要冲煮咖啡的时候，再将咖啡豆研磨成粉。

如果不得已必须先将咖啡豆研磨成咖啡粉，最好是将每次冲煮咖啡所需要的咖啡粉量，分别用小型的密封袋分装（注意须将密封袋内的空气尽量挤出），再装入较大的密封袋或密封罐中保存。咖啡粉的美味保存期限在室温下约为15天。

咖啡豆的研磨

　　冲煮咖啡的第一步就是要将咖啡豆研磨成咖啡粉，至于要研磨成多粗或多细的咖啡粉，这就与咖啡豆的属性、烘焙程度以及所使用的咖啡器具有关系了。国内一般研磨咖啡豆的机器，是以刻度、号数来区分粗细的，大致可区分如下。

浅烘焙咖啡豆→建议使用极细研磨来研磨咖啡豆（1.5刻度），使用的咖啡器具是意式咖啡机。

浅中烘焙咖啡豆→建议使用细研磨来研磨咖啡豆（2.5刻度），使用的咖啡器具是手冲滤纸式咖啡组。

中烘焙咖啡豆→建议使用中研磨来研磨咖啡豆（3.5刻度），使用的咖啡器具是虹吸式咖啡组。

深焙咖啡豆或重深焙咖啡豆→建议以粗研磨来研磨咖啡豆（4.5刻度），在制作冰咖啡时选用。

磨豆机的使用

放入咖啡豆。

依咖啡豆的属性、烘焙程度和所使用的咖啡器具，决定研磨的粗细。

启动开关，将咖啡研磨成粉状即可。

独家秘籍

Q1：咖啡豆为什么要研磨成不同粗细程度的咖啡粉呢？

A1：咖啡豆的研磨度适当与否，是冲煮咖啡美味与否的关键。研磨越细，水与咖啡粉接触的表面积越大，萃取的速度越快，但如果研磨的颗粒过细，一些咖啡豆中的杂味成分，有可能因为咖啡粉与热水的接触面积过大而一起被萃取出来。

相对的，研磨越粗，水接触的表面积越小，越有助于延长萃取的时间，但如果研磨的颗粒过粗，咖啡粉与热水接触面积不足，冲煮出来的咖啡则可能会有香味及浓度不足的问题。

因此要视咖啡豆的烘焙程度及操作使用的咖啡器具来决定研磨的粗细度，所以将咖啡豆研磨出适当粗细的咖啡粉，是咖啡美味的重要因素。

Q2：为了节省工作流程，可以事先将咖啡豆全部研磨成咖啡粉吗？

A2：烘焙完的咖啡豆需先经过研磨成咖啡粉以后才能使用，而研磨后的咖啡粉容易散失香味，所以最好能在冲泡咖啡之前再进行研磨工作，以免咖啡粉因为吸收了湿气氧化或受潮。

Q3：磨豆机上的储豆槽中若还有未研磨的咖啡豆，可以继续放着留待第二天继续使用吗？

A3：储豆槽中的咖啡豆若未使用完毕，要取出来放入密封容器中，以避免咖啡豆受潮或产生异味，因此绝不能将咖啡豆留在储豆槽中。

冲煮咖啡需要适合的水

要冲煮一杯好咖啡，除了咖啡豆的种类、烘焙、研磨、组合之外，还有一项影响咖啡口味的重要因素——水。

水一般分为软水和硬水两种。太硬的水会使咖啡偏苦，例如：矿泉水，因为含有多量钠、锰、钙、镁离子等，会将咖啡因和单宁酸释放出来，因此使咖啡的味道大打折扣。

而最适合冲泡美味咖啡的水，是含有二氧化碳和微量的钙、镁等矿物质的软水，因此使用普通的自来水就可以当成软水使用了。不过最好是使用一般滤水器或使用净水器和装有活性碳的过滤器滤过的自来水，能够去除水中的杂质和气味（但是不要使用RO反渗透的过滤器，因为过度软化的水无法溶解出咖啡因和单宁酸）。使用时先让水沸腾3~5分钟，将其中的漂白剂味道去除后，再用来冲煮咖啡。

独家秘籍

Q1：普通的自来水当成软水使用，有什么需要特别注意的使用事项吗？

A1：普通的自来水虽然可以当成软水使用，但是应该避免早上最初的自来水、前一天取放的水和第二次煮沸的水。使用自来水冲煮咖啡时，先让水沸腾3~5分钟，但是不要超出这个时间，以免水中的二氧化碳也被吸走而影响咖啡的风味，这也是不能使用二次煮沸的水来冲煮咖啡的原因。

Q2：刚煮沸腾的水可以马上拿来冲煮咖啡吗？

A2：不行。刚煮沸腾的水，其温度约在100℃，若立即用来冲煮咖啡，会让咖啡产生苦涩味。建议用85~95℃的水温来冲煮咖啡。

Q3：影响一杯咖啡好坏的因素到底有哪些呢？

A3：影响一杯咖啡好坏的因素有如下几点：

（1）咖啡豆的种类和新鲜度；

（2）咖啡豆的烘焙程度；

（3）咖啡豆研磨的粗细程度；

（4）使用水质的好坏；

（5）咖啡器具的选择和操作方法；

（6）咖啡豆和水量的控制比例是否恰当；

（7）冲煮咖啡的萃取时间是否正确；

（8）萃取咖啡时使用的水温是否正确；

（9）咖啡的调味是否和谐。

第二章

魅力手工咖啡

Coffee

Coffee

咖啡师宝典：咖啡控必备的第一本书

用杯容量：220毫升
咖啡量：咖啡豆2平匙（约15克）
研磨度：依咖啡豆属性及烘焙程度研磨（见附表A）
用水量：180毫升 ※各单品咖啡皆可煮制

各式**冲煮器**的使用方法 Part 1《《 虹吸式咖啡壶

　　虹吸式咖啡壶（Syphon）约出现在公元1950年，又称为塞风、真空壶、蒸馏式咖啡壶，由上下2个球型玻璃瓶组成，中间由套有滤布的过滤器隔开。许多咖啡师坚持用这种手工的咖啡冲煮法，此方法适用于单品咖啡，个人的冲煮功力将左右咖啡的味道，也可以运用此冲煮器烹煮咖啡制作出花式特调咖啡。

冲 煮 方 法

煮一壶热开水
细节1：先将热水备妥，以节省时间
　　若采用虹吸式壶煮咖啡，最好先将热水备妥，虽然也可以将冷水注入下座烧杯中等待煮沸，不过却不及已备妥热水随时可用的方便。

过滤器用清水洗净
细节2：滤布的清洁与保存
　　过滤器上须包覆一层滤布后才能过滤出咖啡液，而滤布只要使用一次就会变成洗不掉的棕褐色，与空气接触会产生不好的气味，严重影响咖啡的味道。

细节3：滤布第一次使用时的清洁方法
　　滤布在第一次使用前，应先用热水漂洗去浆，每次使用完后须用大量清水（不要使用清洁剂）充分洗净，并泡在清水中保存，以防干燥产生油垢味；如果不经常使用则可以放入冰箱中冷藏保存。

细节4：如何判断要更换新的滤布？
　　当滤布呈现出黑褐色或者有黏滑感，或是因清洗而破坏了滤布的纤维组织时，就得更换新的滤布了。

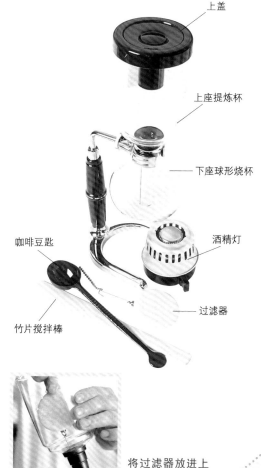

上盖

上座提炼杯

下座球形烧杯

咖啡豆匙

酒精灯

竹片搅拌棒

过滤器

将过滤器放进上座提炼杯的底部

25

再将弹簧穿过虹吸管拉到前端勾住固定

细节5：弹簧

过滤器上的弹簧能轻勾固定住虹吸管的前端即可，千万不要硬拉以防弹簧松弛后过滤器就无法和上座提炼杯密合，咖啡渣就会掉入下座中而影响咖啡口感。

4

将咖啡粉放入上座中，再轻轻敲平整

5

将热水（分量外）注入下座的球形烧杯中，温壶后倒出热水

细节6：温壶

将热水注入下座球型烧杯中的温壶，是为避免下一步将热水放入烧杯中时，温度瞬时下降而延长煮沸时间，同时也有清洁烧杯的作用。另外，也可以将倒出的热水放入咖啡杯中温杯和测试水量。

细节7：切忌空烧玻璃壶

玻璃在高温下相当脆弱，应避免敲击及接触冷水，同时，下座中如无水或咖啡时，切忌空烧以避免破裂。

6

向下座注入180毫升热水，将外侧水滴擦干，用咖啡燃气炉加热

细节8：外侧水滴务必擦干

务必要将下座球型烧杯外侧的水滴擦干，以避免玻璃因加热而破裂。

7

取适量的热水注入咖啡杯中，温杯、温匙后倒出热水，备用

细节9：温杯、温匙

温杯、温匙主要是为了避免热咖啡注入咖啡杯后导致温度下降而影响咖啡的风味。

8

将做法5的上座斜插在下座之上

9

待下座的水沸腾后，将上座直直地稍微向下压，轻插入下座之中

待热水完全上升至上座后，用搅拌棒搅拌均匀

细节10：搅拌方向

由上往下把粉压入水中，搅拌时按顺时针由外向内，不要搅拌太久，使咖啡粉散开即可。

待煮出香味后熄火，再次搅拌上座中的咖啡，用湿布轻敷下座，让咖啡通过过滤器流回下座

细节11：煮出香味后熄火，再次搅拌的目的

为了让咖啡快速流下来，同时咖啡渣能呈现完美的山丘状，但其实咖啡渣形状和煮出来的咖啡好坏并没有绝对关系，熟练后就能煮出完美的形状。

取下上座后，将咖啡液倒入做法8已温杯的咖啡杯中

细节12：取下上座的方式

待咖啡流回下座后，抓住下座扶手同时轻轻斜推上座，就能脱离下座。

27

附表A单品咖啡冲煮建议			
咖啡豆品名	烘焙程度	研磨度（刻度）	建议焖煮时间（做法12）
经典特调咖啡	中焙	细磨3号	约1分钟
黄金曼特宁咖啡	深焙	中磨3.5号	约50秒
典藏曼巴咖啡	中焙	细磨3号	约1分钟
品味炭烧咖啡	深焙	中磨3.5号	约50秒
巴西圣多士咖啡	浅焙	细磨2.5号	约1分10秒
哥伦比亚咖啡	浅焙	细磨2.5号	约1分10秒
摩卡咖啡	浅焙	细磨2.5号	约1分10秒
极品蓝山咖啡	浅焙	细磨2.5号	约1分10秒

制作重点提示：

1.以上单品咖啡用豆量皆以2平匙（约15克）为主。

2.焖煮时间视咖啡豆的研磨程度，研磨度越细时间越短，烘焙度越浅时间越长。

各式冲煮器
的使用方法 Part 2 《《比利时咖啡壶

　　比利时咖啡壶也称为维也纳咖啡壶，是19世纪末期比利时人威迪（Weidy）发明的。这种壶是以真空虹吸式的方法来冲煮咖啡，利用杠杆原理，在冷热交替时所产生的压力转换带动咖啡壶的工作。

　　比利时咖啡壶由一个放咖啡粉的透明玻璃壶与一个煮开水、镀镍或镀银的密闭式金属壶组合而成，两者有一个连接的真空管，利用酒精灯燃煮金属壶，使水沸腾后产生蒸气压力，使热水经由真空管流入玻璃壶中闷泡咖啡，此时酒精座上盖会自动盖上让火熄灭，待温度下降，咖啡液会再被抽吸回金属壶内。因真空管底部有过滤设计，因此冲煮过的咖啡渣会留在玻璃壶内，此时松开蓄水壶的上盖，并打开小水龙头，咖啡液即会流出。其实比利时咖啡的卖点不在于咖啡的美味，而是咖啡壶本身的〝秀〞，同时它的冲煮原理就等同于虹吸式咖啡壶，因此在咖啡豆口味的选择与研磨上参考虹吸式咖啡壶即可。

咖啡量：咖啡豆5平匙（约40克）
研磨度：依咖啡豆属性及烘焙程度研磨（见附表B）
用水量：450毫升
※各单品咖啡皆可煮制

冲 煮 方 法

真空虹吸管

玻璃壶

蓄水壶

酒精灯

1 取少量的热水（分量外）放入蓄水壶中，温壶后倒出热水。

2 再向蓄水壶中倒入450毫升的热水。

3 将上盖的盖子栓紧。

4 将真空虹吸管紧密地插入蓄水壶中。

5 再将咖啡粉装入玻璃壶中。

6 将靠近玻璃壶此侧的铁管向下压，此时再将酒精灯放于蓄水壶下方。

7 打开酒精灯的盖子，用蓄水壶部分卡住，点燃酒精灯。

8 待蓄水壶中的水沸腾后，热水会逐渐经由真空虹吸管流入玻璃壶中煮咖啡。

9 热水完全流至玻璃壶中后，酒精灯会自动盖上熄火。

10 咖啡液开始逐渐自玻璃壶回流到蓄水壶，待回流完毕，松开蓄水壶上盖，即可由下方水龙头将咖啡注入已温杯的咖啡杯中。

附表B单品咖啡冲煮建议

咖啡豆品名	烘焙熟度	研磨度（刻度）	咖啡豆品名	烘焙程度	研磨度（刻度）
经典特调咖啡	中焙	细磨2.5号	巴西圣多士咖啡	浅焙	细磨2号
黄金曼特宁咖啡	深焙	中磨3.5号	哥伦比亚咖啡	浅焙	细磨2号
典藏曼巴咖啡	中焙	细磨2.5号	摩卡咖啡	浅焙	细磨2号
品味炭烧咖啡	深焙	中磨3.5号	极品蓝山咖啡	浅焙	细磨2号

制作重点提示：
以上单品咖啡用豆量皆以5平匙（约40克）为主。

各式**冲煮器**的使用方法 Part 3 《《 手冲滤纸式咖啡组

手冲滤纸式咖啡和使用法兰绒布冲泡咖啡的方式是相同的。前者是一次冲泡出少量咖啡，而后者则是一次就冲泡出大量的咖啡。

冲泡式咖啡最重要的技巧就在于水流粗细与稳定的水量控制，让水流由中心点开始注入热水，并以螺旋式旋转的方式稳定地向外绕，让咖啡粉与热水充分混合，最后滴滤出咖啡液。

用杯容量：220毫升
咖啡量：咖啡豆2平匙（约15克）
研磨度：依咖啡豆属性及烘焙程度研磨（见附表C）
用水量：180毫升

冲 煮 方 法

1 滤纸的边向前折起后放进过滤杯中，再放入咖啡粉

细节1：玻璃壶先温壶，再将过滤杯架在玻璃壶上方，备用。

2 轻敲过滤杯，使咖啡粉均匀平整

3 倒入少许热水将咖啡粉润湿，并等待约10秒

4 手冲壶中的热水由中心点开始注入，并以螺旋式旋转的方式稳定地向外绕（水量约90毫升）

细节2：在注入热水时要与咖啡粉呈现90度的角度，水温也要控制在90~95℃之间。

5 待滴漏完毕后，再以同样的方式注入热水（水量约90毫升），直至热水用完。

独家秘籍

手冲滤纸式咖啡组的必备器具

❶ 玻璃壶→盛装滴漏下来的咖啡液。
❷ 手冲壶→选用壶嘴细长的手冲壶可以让出水稳定，而在注入热水时要与咖啡粉呈90度的角度。
❸ 过滤杯→过滤杯有大小尺寸的分别，而滴漏的孔洞也分成单孔和三孔，因此请依个人的需要选用。
❹ 滤纸→滤纸是依照滤杯的大小来选用搭配的，使用过后即可丢弃。滤纸分为漂白处理（呈白色）和未漂白处理（呈土黄色）两种。

❶

❷

❸

❹

附表C单品咖啡冲煮建议

咖啡豆品名	烘焙熟度	研磨度（刻度）	咖啡豆品名	烘焙熟度	研磨度（刻度）
经典特调咖啡	中焙	细磨2.5号	巴西圣多士咖啡	浅焙	细磨2号
黄金曼特宁咖啡	深焙	中磨3.5号	哥伦比亚咖啡	浅焙	细磨2号
典藏曼巴咖啡	中焙	细磨2.5号	摩卡咖啡	浅焙	细磨2号
品味炭烧咖啡	深焙	中磨3.5号	极品蓝山咖啡	浅焙	细磨2号

制作重点提示：
以上单品咖啡用豆量皆以2平匙（约15克）为主。

各式冲煮器的使用方法 Part 4 《《土耳其咖啡壶

　　自从阿拉伯人发现了咖啡豆具有提神的功效后，就开始将咖啡豆制成饮料，取代具有兴奋作用的酒类饮用。刚开始的时候是将咖啡豆磨成粉末，加糖放入水中一起煮，煮到冒泡之后便倒出来饮用。这种传统式的煮法，目前土耳其、希腊等地还很风行。

　　土耳其咖啡壶称为"伊布里克"（Ibrik），长柄，多由纯铜或黄铜制成，少数内部还有镀锡处理。土耳其咖啡一次煮一杯，将咖啡粉倒入土耳其咖啡壶，依口味加入糖调味，然后加入1杯分量的水，直接将壶放到小火上煮，煮到水沸腾且表面出现泡沫，就赶快把壶离开火源，等到泡沫消失再放回去煮，重复3次就可以倒入杯中饮用。咖啡喝完之后，将杯口朝下盖在盘子上，让沉淀于杯底的咖啡渣流到盘子上。

冲煮方法

咖啡量：咖啡豆10克
研磨度：依咖啡豆属性及烘焙程度研磨（见附表D）
用水量：150毫升
细砂糖：8克

1 将咖啡粉放入土耳其壶中

2 再放入糖

3 注入热水

4 将土耳其壶放在火上加热

细节1：不需搅拌
冲煮土耳其咖啡的过程中不用搅拌，使其自然混合即可。

5 煮至水沸腾、表面出现泡沫时，立刻将土耳其壶自火源上移开，静置数秒

6 待泡沫消去，再将土耳其壶置于火源上加热，反复操作让水沸腾三次后，熄火静置数秒，再将咖啡倒入已温杯的咖啡杯中即可

细节2：土耳其咖啡的喝法
　　土耳其咖啡不用过滤即可饮用，在将咖啡倒入杯中时尽量不要倒出过多的咖啡渣，但残留在咖啡中的少量咖啡渣，可以让土耳其咖啡喝起来有更独特的风味及口感，根据土耳其人古老的说法，喝完咖啡后残留在杯底的咖啡渣还可以算命呢！

附表D单品咖啡冲煮建议

咖啡豆品名	烘焙程度	研磨度（刻度）	咖啡豆品名	烘焙程度	研磨度（刻度）
经典特调咖啡	中焙	细磨2.5号	巴西圣多士咖啡	浅焙	细磨2号
黄金曼特宁咖啡	深焙	细磨2.5号	哥伦比亚咖啡	浅焙	细磨2号
典藏曼巴咖啡	中焙	细磨2.5号	摩卡咖啡	浅焙	细磨2号
品味炭烧咖啡	深焙	细磨2.5号	极品蓝山咖啡	浅焙	细磨2号

制作重点提示：
以上单品咖啡用豆量皆以1又1/3平匙（约10克）为主。

咖啡量：咖啡豆2平匙（约15克）
研磨度：依咖啡豆属性及烘焙程度研磨
（见附表E）
用水量：180毫升

各式**冲煮器**的使用方法 Part 5 《《 法式滤压咖啡壶

1 将咖啡粉放入滤压壶中

2 倒入热水

3 待咖啡粉和热水混合浸泡约1分钟

4 再将中间的滤压器向下压，即可萃取出咖啡液

附表E单品咖啡冲煮建议

咖啡豆品名	烘焙程度	研磨度（刻度）	建议焖泡时间
经典特调咖啡	中焙	细磨3号	约1分钟
黄金曼特宁咖啡	深焙	中磨3.5号	约1分钟
典藏曼巴咖啡	中焙	细磨3号	约1分钟
品味炭烧咖啡	深焙	中磨3.5号	约1分钟
巴西圣多士咖啡	浅焙	细磨3号	约1分钟
哥伦比亚咖啡	浅焙	细磨3号	约1分钟
摩卡咖啡	浅焙	细磨3号	约1分钟
极品蓝山咖啡	浅焙	细磨3号	约1分钟

制作重点提示：
以上单品咖啡用豆量皆以2平匙（约15克）为主。

咖啡量：意式咖啡豆25克
研磨度：细磨
用水量：250毫升

各式**冲煮器**的使用方法

Part 6 《《**摩卡咖啡壶**

　　摩卡壶是利用蒸气加压的方式萃取出咖啡液，属于意式浓缩咖啡（Espresso）的一种。1993年意大利人阿方索·比亚莱蒂（Alfonso Bialetti）发明了第一个摩卡壶，让咖啡器具的使用变得简单多了，因此在意大利实现了90%的高使用率，而Alfonso Bialetti也作为品牌也在1950年时成功地展开广告宣传，迅速成为欧洲家庭青睐的品牌之一。

1
下壶中注入少许热水（分量外），温壶后倒出热水，再放入约250毫升的热水（水位约在下壶内的刻度线）

2
将意式咖啡粉填入过滤漏斗中后，再用减量板填平

3
依序将下壶、过滤漏斗、上壶紧密地扣住

4
将摩卡壶放在燃气炉架上，加热至咖啡液渐渐从上壶的管子流出，待咖啡液淹过壶底即可熄火，利用下壶内部压力使咖啡液流出

独家秘籍

◎ 法式蝶翼咖啡壶
此款咖啡器具萃取出来的咖啡液，也是属于意式浓缩咖啡（Espresso）的一种。

1
咖啡粉放入填充手把中。

2
用容器底将咖啡粉均匀压平。

3
将填充手把紧扣在蝶翼壶中。

4
热水倒入蝶翼壶上方，再将两侧的扶手向下压，即可萃取出咖啡液。

咖啡量：意式咖啡豆2平匙（约15克）
研磨度：细磨
用水量：120毫升

咖啡师宝典：咖啡控必备的第一本书

各式冲煮器的使用方法

Part 7 《《 美式咖啡机

美式咖啡是以冲泡出大量咖啡为主的方式，因此机器较大，在此示范操作的机器是"数位咖啡机/茶叶机"，这是一台可以冲泡大量美式咖啡和茶汁的机器，只要设定好时间、水量、温度，就能冲泡出咖啡或茶。

冲 煮 方 法

咖啡豆：美式咖啡豆半磅（约227克）
研磨度：细磨
用水量：3000毫升
时间：6~7分钟
水温：88~92℃

1

将滤纸放进不锈钢
漏斗后，再放入咖
啡粉

2

将漏斗紧扣在数位
咖啡机上，漏斗下
方放入保温桶

3

按下面板的定时按钮

4

机器会依设定的功
能流出咖啡液，盛
放于保温桶中

独家秘籍

数位咖啡机/茶叶机的必备器具

❶ 数位咖啡机/茶叶机 →为控制温度、时间、水量的主要机器，并具备蓄水装置。

❷ 不锈钢漏斗 →用来盛装咖啡粉并让它滴滤的容器，使用时需要放入滤纸，流速较快。

❸ 耐热塑料漏斗 →用来盛装切碎的茶叶并滤泡的容器，搭配滤网、滤纸使用，其流速较慢（为了让茶汤释放，需要多一些浸泡时间，所以流速略慢）。

❹ 保温桶→用来盛装滴漏下来的咖啡液或茶汤（视制作的种类而定），并保温，需另行购买搭配。

现煮冰咖啡
（使用虹吸壶冲煮）

材料
热咖啡液250毫升　细砂糖15克　冰块适量　鲜奶油30毫升

做法

1. 在摇酒器中放入细砂糖（图❶）。
2. 再用虹吸壶煮出热咖啡液（图❷）。
3. 将热咖啡液倒入做法1中拌匀后，隔冰块水冰镇（图❸）。
4. 取一杯子放入冰块至六分满，倒入咖啡液（图❹）。
5. 再缓缓倒入鲜奶油即可（图❺）。

独家秘籍

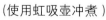

　　隔冰块水冰镇至凉，是指将摇酒器放进有冰块的容器中，借助冰块的温度让热咖啡液变凉的一种方式。

现冲冰咖啡 （使用手冲滤纸式咖啡组冲泡）

材料
热咖啡液250毫升　冰块适量

做法
1. 使用手冲滤纸式咖啡组冲煮出热咖啡液，备用（图❶）。
2. 取适量冰块放进过滤器中，将过滤器架置于饮用杯的杯口上。
3. 将热咖啡液倒入做法2中，使咖啡液滴漏在饮用杯中至七分满（图❷）。
4. 再放入冰块至九分满即可。

独家秘籍

此款饮品可附上鲜奶油和果糖。

咖啡师宝典：咖啡控必备的第一本书

仅限制作冰咖啡，不适合制作热咖啡

1

2

3

手冲式大量冰咖啡

准备器具：三角冲架、法兰绒布、手冲壶

独家秘籍

◎ 咖啡豆的选用

制作本款冰咖啡建议选用冰咖啡豆（研磨度3.5）。

◎ 如何制作出与众不同的大量冰咖啡液

若想要制作出与众不同的冰咖啡，可以在冰咖啡豆中再加入其他的咖啡豆混合，例如：榛果口味的调味咖啡豆，这样就可以调配出属于自己的专属特调冰咖啡。

◎ 产品制作重点提示

1. 法兰绒布在第一次使用前，要先放入热水中煮3~5分钟漂去浆后再使用，这样不会产生油耗味，不易影响咖啡的风味；而每次使用完毕后须用大量清水充分洗净，清洗后放于通风处晾干，或拧干水分置于冰箱内保持干燥。

2. 若想制作无糖冰咖啡液，在做法3时则不用加入细砂糖。

3. 在做法5注入热水时应维持出水量的一致且不可中断，才能均匀地冲泡咖啡粉，此时咖啡粉表面会产生均匀细致的泡沫，并膨松胀起。若冲泡咖啡的速度不一致，则易冲出咖啡膏，品尝起来就会有涩味了。

4. 冰咖啡豆属于深烘焙豆的一种，较易产生苦涩味道，因此在做法7使用打蛋器搅打咖啡液，可让咖啡液中的苦涩物质形成泡沫，将泡沫捞除就可以将涩味去除了，这样冰咖啡喝起来的口感就较为滑顺。

材料

冰咖啡豆粉227克　细砂糖200克　热水3000毫升
冰块500克

做法

1. 法兰绒布放置在三角冲架上，用长尾夹固定（图❶）。
2. 倒入咖啡粉，备用（图❷）。
3. 在干净无水分的钢盆中，放入细砂糖（图❸）。
4. 再将做法2的器具架放在做法3的钢盆中（图❹）。
5. 取1000毫升的热水放入手冲壶中后，先用手指在咖啡粉中间处轻压出一个小凹槽，再将热水以画圈的方式由内向外注入在咖啡粉中，让咖啡液滴漏在下方的钢盆中（图❺）。
6. 待咖啡粉滴漏消沉后，再装入第2壶热水（1000毫升），同样以画圈方式由内向外注入咖啡粉中，待咖啡液滴漏完成后，再重复一次，直至热水用完（图❻）。
7. 使用打蛋器将滴漏完成的咖啡液搅打至细砂糖溶解并产生出泡沫（图❼）。
8. 使用过滤网将咖啡表面上的泡沫捞除（图❽）。
9. 再放入冰块拌匀至咖啡液冷却后，装入容器中放入冰箱冷藏，即完成2合1的有糖冰咖啡（图❾）。

3合1冰咖啡的制作

1. 如果想要制作出3合1的冰咖啡，则在做法8捞除泡沫后，再加入200克的奶精粉拌匀（图❿）。
2. 再放入冰块（约500克）拌匀至咖啡液冷却后，装入容器中放入冰箱冷藏，即完成3合1的冰咖啡（图⓫）。

仅限制作冰咖啡，不适合制作热咖啡

荷兰冰酿咖啡

水滴式咖啡壶

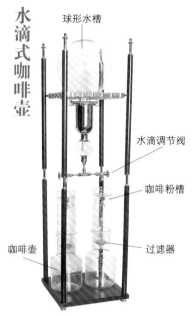

- 球形水槽
- 水滴调节阀
- 咖啡粉槽
- 咖啡壶
- 过滤器

独家秘籍

咖啡豆的选用

制作本款冰咖啡建议选用冰咖啡豆（研磨度2.5）。

水滴式咖啡壶的尺寸使用说明

若需求量大，可选用双槽式的水滴式咖啡壶（左图）。在每槽中放入约200克的冰咖啡豆粉，再加入水（约上球六分满）或者冰块（约上球满）、冷开水500毫升，以每10秒7滴的速度进行滴漏，这样可以完成约3000毫升的咖啡液。需求量较小者，则可选用小型水滴式咖啡壶。

水滴式咖啡壶的另一种运用方法

1. 水滴式咖啡壶除了可以滴漏咖啡之外，也可以换成茶叶冰酿出冰茶。
2. 冰酿茶所使用的茶叶以细碎状的较佳，其口味变化甚多，以下茶种仅供参考。

浓香乌龙绿茶末　热带水果绿茶末　综合果粒茶

材料
冰咖啡豆粉80克　冰块上座满杯量　水100毫升

做法（示范操作使用小型水滴式咖啡壶，容量约450毫升）

1. 将过滤器放入玻璃槽中（图❶）。
2. 放入咖啡粉（图❷）。
3. 将滤纸铺放在咖啡粉的表面上（图❸）。
4. 倒入少许水（分量外）润湿咖啡粉的表面及边缘，再装进滴漏组中（图❹）。
5. 上壶放入冰块后，再倒入水（图❺）。
6. 将调节阀调整至每10秒7滴，以控制滴漏的水量速度（图❻）。
7. 滴漏数小时后即完成，可放入冰箱冷藏，待饮用时取用即可（图❼）。

3

4

5

6

7

43

独家秘籍

◎ 加值的呈现法

1. 这道咖啡组合有热和冰咖啡，可一次品尝到两种咖啡风味，并附上牛奶和糖，可依喜好自行添加。

2. 里面附上少量咖啡粉闻香，可以让人更了解咖啡原来的味道。另外柠檬薄片可撒上咖啡粉及砂糖直接食用。

单品咖啡组合

材料

各式优质热咖啡液160毫升（做法请见P25或P31）
65℃的热牛奶100毫升　咖啡粉5克　砂糖适量　冰块适量　柠檬片2片

装饰材料

薄荷叶少许

做法

1. 温杯后，将热咖啡液倒入杯中。

2. 另取一用杯加入冰块至八分满，再倒入热咖啡至九分满。

3. 将做法1和做法2的咖啡连同热牛奶、咖啡粉、砂糖、柠檬片一起呈现。

冰酿咖啡组合

材料

冰酿咖啡液250毫升（做法请见P39）
冰牛奶100毫升　果糖20毫升
咖啡冰砖2块

做法

1. 杯中倒入冰酿咖啡液。
2. 另取一用杯加入咖啡冰砖，再倒入冰酿咖啡至五分满。
3. 将做法1、做法2的咖啡，连同冰牛奶、果糖一起呈现。

独家秘籍

使用咖啡冰砖的目的是使咖啡不易被冰块稀释。

咖啡师宝典：咖啡控必备的第一本书

仅限制作冰咖啡，不适合制作热咖啡

玫瑰提拉米苏咖啡

材料

无糖冰咖啡液160毫升

牛奶70毫升　玫瑰果露15毫升　冰块适量

特调发泡鲜奶油适量

装饰材料

可可粉适量　薄荷叶少许

做法

1. 杯中放入牛奶、玫瑰果露混拌均匀。
2. 放入冰块至杯中六分满后，倒入无糖冰咖啡液。
3. 再放入特调发泡鲜奶油至满杯后抹平，并于表面筛撒上可可粉，用薄荷叶装饰即可。

独家秘籍

◎ 特调发泡鲜奶油的制作

将60克已发泡的鲜奶油挤入容器内，再放入10克马斯卡彭奶酪（Mascarpone cheese）拌匀即可，这样会让咖啡喝起来细致绵密，很接近提拉米苏的口感。

◎ 分层效果制作重点提示

1.玫瑰提拉米苏咖啡

a）在做法2时，要尽量将咖啡液倒在冰块上，或是利用汤匙的背面使咖啡沿着杯缘流入杯中，避免造成过多的搅动，才能制作出明显的分层效果。

b）玫瑰果露本身已有甜度，所以咖啡液须用无糖的，这样才会有分层效果，口感也不会过甜腻。

c）利用牛奶结合果露，做出有味道的特调牛奶，也是使产品口味变化的手法之一。

2.抹茶提拉米苏咖啡

利用有糖冰咖啡液作底层，再倒入牛奶，也能做出分层效果。

3.总结

a）要学习的技巧是如何利用咖啡液和牛奶制作出分层效果，其重点在于糖要加进哪一个材料中，加入糖的材料会比没糖的密度大，因此才能做出分层效果。

b）密度关系：蜂蜜＞果糖＞果露＞甜酒。

抹茶提拉米苏咖啡

材料

有糖冰咖啡液	160毫升
（做法请见P41）	
冰块	适量
牛奶	70毫升
特调发泡鲜奶油	适量
绿抹茶粉	适量

装饰材料

薄荷叶	少许

做法

1. 将有糖冰咖啡液倒入杯中，放入冰块至六分满。
2. 缓缓倒入牛奶，放入发泡鲜奶油至满杯后抹平。
3. 筛撒上绿抹茶粉，用薄荷叶装饰即可。

漂浮冰咖啡

材料

有糖冰咖啡液160毫升（做法请见P41）
牛奶50毫升　鲜奶油15毫升
冰激凌1球　冰块适量

装饰材料

咖啡豆2颗

做法

1. 取一用杯，放入冰块至杯中七分满。
2. 再依序倒入有糖冰咖啡液、牛奶、鲜奶油。
3. 再放入1球冰激凌，并以咖啡豆装饰即可。

独家秘籍

在做法2中加入液体材料后，千万不要搅拌，这样就可以借助不同密度来产生分层的视觉效果了。

冰砖咖啡

材料

有糖冰咖啡液250毫升（做法请见P41）
有糖咖啡冰砖适量

做法

1. 杯中放入咖啡冰砖至六分满。
2. 再倒入有糖冰咖啡液即可。

独家秘籍

◎ **咖啡冰砖的制作**

将有糖冰咖啡液（做法请见P41）倒入制冰盒中，再冷冻至硬即可。若想要呈现出趣味性高的咖啡冰砖，可选用不同造型的制冰盒来制作。而将咖啡冰砖代替一般的冰块放入冰咖啡中，就算冰砖溶化了，咖啡也不会被稀释。

◎ **加入发泡鲜奶油进行装饰和增加口感**

可以在咖啡表面上挤入发泡鲜奶油装饰，增加口感。

绿薄荷咖啡

材料

无糖冰咖啡液160毫升　牛奶60毫升
果糖15毫升　薄荷酒15毫升　冰块适量

做法

1. 将薄荷酒倒入用杯中。
2. 将牛奶、果糖混拌均匀后倒入做法1中。
3. 放入冰块至杯中六分满，缓缓倒入无糖冰咖啡液即可。

独家秘籍

🖊 **分层效果制作重点提示**

　　薄荷酒的密度比果糖小，但因为这里的果糖又加入牛奶混拌后密度变小，因此造成了果糖比薄荷酒密度小的状况，薄荷酒就必须先放入杯中作为底层，才能有明显的分层效果。

仅限制作冰咖啡，不适合制作热咖啡

奶油酒咖啡

材料

无糖冰咖啡液160毫升　奶油酒20毫升　香草冰激凌1/2球
牛奶50毫升　牛奶泡适量　冰块适量

装饰材料

巧克力酱少许

做法

1. 取一用杯，沿杯壁内用巧克力酱涂抹作为装饰，备用。
2. 取一摇酒器，放入冰块至六分满，再涂抹放入无糖冰咖啡液、奶油酒、香草冰激凌、牛奶，一起摇晃均匀后取出倒入做法1的用杯中。
3. 放入牛奶泡至杯满，抹平，用巧克力酱雕花装饰即可。

独家秘籍

🖊 **产品制作重点提示**

1. 在咖啡中添加酒类，会产生特殊的咖啡酒香味，奶油酒、杏仁酒、可可酒、白兰地酒、绿色薄荷酒等都是常用来搭配咖啡添加的酒类。
2. 牛奶泡是使用P86的奶泡壶用手动方式打出来的。

仅限制作冰咖啡，不适合制作热咖啡

魔力咖啡

材料

无糖冰咖啡液	160毫升
黑糖糖浆	20毫升
牛奶	50毫升
咖啡冻	30克
冰块	适量

做法

1. 将咖啡冻放入杯中，作为底层。
2. 将黑糖糖浆和牛奶拌匀后，倒入做法1的杯子中。
3. 放入冰块至杯中五分满后，再轻缓倒入无糖冰咖啡液即可。

维也纳咖啡

材料
热咖啡液150毫升　发泡鲜奶油适量

装饰材料
巧克力酱少许

做法
1. 杯中加入少许热水（分量外），温杯后倒出。
2. 将热咖啡液倒入杯中（图❶）。
3. 将发泡鲜奶油挤在热咖啡液表面上，再挤入巧克力酱装饰即可（图❷）。

独家秘籍

◎ 热咖啡液的制作
热咖啡液可采用P25~35不同的冲煮器冲煮而成。

◎ 加入奶精粉的做法
上述是加入奶精粉的方式。另一种做法是先将15克奶精粉、1包细砂糖和热咖啡液一起拌匀后，再将发泡鲜奶油挤在热咖啡液表面上。两种不同的做法目前都有使用，所以可视情况选择。

◎ 其他呈现方法
制作完成的咖啡除了以单杯的方式呈现之外，若想要与众不同，不妨考虑以套组的方式呈现。呈现方式：制作完成的热咖啡倒入杯中，方糖、发泡鲜奶油各自放在容器中，摆放在托盘中即可。

限制作热咖啡，不适合制作冰咖啡

限制作热咖啡，不适合制作冰咖啡

爱尔兰咖啡

材料

热咖啡液200毫升　爱尔兰威士忌15毫升　方糖2颗

装饰材料

发泡鲜奶油适量

做法

1. 在杯中加入少许热水（分量外），温杯后倒除热水。
2. 将方糖放入专属杯中（图❶）。
3. 倒入爱尔兰威士忌（图❷）。
4. 将咖啡杯放置在杯架中，点燃酒精灯，煮至方糖溶解、酒气挥发后，离火（图❸）。注意咖啡杯外侧不要有残余液体，再置于杯架上烧热，否则易造成杯子破裂。
5. 将热咖啡液倒入做法4的杯中（图❹）。
6. 再将发泡鲜奶油挤在热咖啡液表面上即可（图❺）。

独家秘籍

热咖啡液的制作

热咖啡液可采用P25~35不同的冲煮器煮制而成。

使用专属咖啡杯及杯架

制作本款咖啡须使用爱尔兰咖啡专属咖啡杯及杯架一组。

建议喝法

此款咖啡不需搅拌，直接啜饮，才能品尝到冰与热的口感碰撞。

其他呈现方法

此款咖啡也可以采用套组的方式呈现：先将方糖、爱尔兰威士忌、热咖啡液放入专属杯中拌匀，再将发泡鲜奶油挤入另一容器内，两者一起放入托盘中即可。

皇家咖啡

材料

热咖啡液150毫升　白兰地15毫升　方糖1颗

做法

1. 在用杯中加入少许热水（分量外），温杯后倒除热水。
2. 将热咖啡液倒入用杯中，备用。
3. 将皇家咖啡匙置于火上烧热温匙后，架于咖啡杯口（图❶）。
   注意：皇家咖啡匙一定要先温匙后，才能够顺利点燃白兰地，做出糖酒液。
4. 将方糖放于皇家咖啡匙上（图❷）。
5. 将白兰地淋在方糖上（图❸）。
6. 点火燃烧，待方糖溶解熄火即可（图❹）。

独家秘籍

◎ **热咖啡液的制作**

热咖啡液可采用P25~35不同的冲煮器煮制而成。

◎ **使用专用咖啡匙**

制作本款咖啡须使用专属皇家咖啡匙。

◎ **建议喝法**

可将溶解后的糖酒液倒入咖啡中，搅拌均匀后再饮用，这样才能品尝到白兰地和咖啡结合的香醇滋味。

◎ **其他的呈现方法**

此款咖啡也可采用套组方式呈现，将热咖啡液倒入用杯中，方糖、白兰地、鲜奶油各自放在容器中，再一起放入托盘中。

限制作热咖啡，不适合制作冰咖啡

冰 摩卡咖啡

材料
> 无糖冰咖啡液160毫升
> 巧克力粉1/2大匙
> 热水20毫升　牛奶50毫升
> 果糖10毫升　焦糖酱10毫升
> 冰块适量

装饰材料
> 发泡鲜奶油适量
> 可可粉少许
> 柠檬丝少许

做法
1. 取摇酒器，放入巧克力粉、热水混拌均匀。
2. 依次放入无糖冰咖啡液、牛奶、果糖、焦糖酱、冰块（五分满），摇晃均匀后倒入用杯中。
3. 将发泡鲜奶油挤在咖啡液表面上，撒上可可粉，再放入柠檬丝装饰即可。

热 摩卡咖啡

材料
> 热咖啡液150毫升　巧克力粉10克
> 焦糖酱10毫升

装饰材料
> 发泡鲜奶油适量　可可粉少许
> 巧克力细碎少许

做法
1. 将热咖啡液倒入用杯中后，放入巧克力粉、焦糖酱拌匀。
2. 再将发泡鲜奶油挤在咖啡液表面，撒上可可粉，再放入巧克力细碎装饰即可。

独家秘籍

> 将粉类材料（见P61）和咖啡进行搭配结合，由于粉类材料不易拌匀，所以在制作上必须先和少许热的液体（例如：热水、热咖啡液）搅拌均匀后再使用。

冰 榛果咖啡

材料
> 无糖冰咖啡液180毫升
> 果糖15毫升
> 榛果果露20毫升　冰块适量
> 发泡鲜奶油适量

装饰材料
> 焦糖酱少许

做法
1. 杯中放入冰块至杯中六分满。
2. 放入无糖冰咖啡液、榛果果露、果糖拌匀。
3. 再将发泡鲜奶油挤在咖啡液表面上，用焦糖酱装饰即可。

独家秘籍

　　在咖啡中加入果露，可变化出不同的咖啡味道，果露的种类很多（见P61），也都带有甜度，因此若添加了果露后，一定要记得将果糖或细砂糖的量减少或不使用，以避免整杯咖啡过于甜腻。

热 榛果咖啡

材料

热咖啡液	150毫升
榛果果露	15毫升
发泡鲜奶油	适量

装饰材料
> 焦糖酱少许　榛果果露5毫升

做法
1. 将热咖啡液放入用杯中后，再倒入15毫升的榛果果露拌匀。
2. 将发泡鲜奶油挤在咖啡液表面上，挤入焦糖酱，再淋入榛果果露装饰即可。

冰 栗子枫糖咖啡

材料

无糖冰咖啡液	200毫升
香草栗子果露	10毫升
枫糖果露	10毫升
果糖	10毫升
冰块	适量
鲜奶油	15毫升

做法

1. 杯中放入冰块至六分满。
2. 放入无糖冰咖啡液、香草栗子露、枫糖果露、果糖拌匀。
3. 再放入鲜奶油即可。

热 栗子枫糖咖啡

材料
热咖啡液150毫升　香草栗子果露5毫升
枫糖果露10毫升　发泡鲜奶油适量

装饰材料
香草栗子果露5毫升　可可粉少许

做法

1. 将热咖啡液放入杯中，倒入香草栗子果露、枫糖果露混拌均匀。
2. 将发泡鲜奶油挤在咖啡液表面上，再淋入香草栗子果露，并撒上可可粉装饰即可。

独家秘籍

在咖啡中加入果露，可使咖啡味道更丰富，但并不是只能加入一款果露，可以试着搭配两种以上的果露，调制出专属于自己的特殊咖啡产品。

冰 小樽咖啡

材料

无糖冰咖啡液	160毫升
果糖	5毫升
焦糖果露	15毫升
焦糖酱	10毫升
牛奶	60毫升
冰块	适量

做法

1. 将冰块放入杯中，至六分满。
2. 将果糖、焦糖果露、焦糖酱、牛奶放入做法1中拌匀作为底层。
3. 轻缓地倒入无糖冰咖啡液即可。

热 小樽咖啡

独家秘籍

这是将果露材料和酱类材料（见P61）做一个搭配结合，虽然这两种不同的物料也可以各自加入咖啡中做出产品，但是要寻找出能混搭出最和谐的味道，就需要不断地创新求变，找到自己喜欢的。

材料

热咖啡液150毫升　焦糖酱5毫升
焦糖果露10毫升

装饰材料

发泡鲜奶油适量　焦糖酱少许

做法

1. 将热咖啡液放入杯中，放入焦糖酱、焦糖果露混拌均匀。
2. 再将发泡鲜奶油挤在咖啡液表面上，用少许焦糖酱装饰即可。

冰 抹茶咖啡

材料

无糖冰咖啡液	160毫升
抹茶粉	15克
热水	20毫升
冰牛奶	50毫升
果糖	20毫升
冰块	适量

做法

1. 抹茶粉和热水混拌均匀，倒入冰牛奶拌匀，即成抹茶牛奶，备用。
2. 放入冰块至六分满，放入无糖冰咖啡液、果糖拌匀，再放入做法1的抹茶牛奶即可。

热 抹茶咖啡

材料

热咖啡液	150毫升
抹茶粉	15克

装饰材料

发泡鲜奶油	适量
抹茶粉	少许

做法

1. 将热咖啡液倒入杯中后，放入抹茶粉拌匀。
2. 将发泡鲜奶油挤在咖啡液表面上，筛撒上抹茶粉装饰即可。

独家秘籍

由于热的抹茶咖啡并没有加入任何糖，所以饮用时可配一小包细砂糖。

冰 冲绳岛之恋

材料

无糖冰咖啡液	160毫升
黑糖糖浆	20毫升
炼乳	10毫升
冰牛奶	60毫升
冰块	适量

做法

将无糖冰咖啡液、黑糖糖浆、炼乳、冰牛奶、冰块放入摇酒器中，摇晃均匀后取出材料，倒入杯中即可。

热 冲绳岛之恋

材料

热咖啡液150毫升　黑糖糖浆15毫升
炼乳5毫升

装饰材料

发泡鲜奶油适量　炼乳5毫升
黑糖块少许

做法

1. 将热咖啡液、黑糖糖浆、炼乳放入用杯中拌匀。
2. 再将发泡鲜奶油挤在咖啡液表面上，淋入炼乳、黑糖块装饰即可。

独家秘籍

运用糖浆、奶制品类（见P61）和咖啡进行搭配结合，炼乳在国外的咖啡制作上则是常见的材料之一，最知名的运用即是越南冰咖啡。

发泡鲜奶油

发泡鲜奶油是花式咖啡中最常使用的材料之一。传统的制作方式是用手动或电动打蛋器打发鲜奶油，再装进挤花袋中使用，不过保存期限很短（3~4天）。另一种方式就是使用鲜奶油喷枪制作，用高压氮气制作出发泡鲜奶油，这种方式在咖啡馆较普遍。

器具材料

鲜奶油喷枪1组　氮气空气弹1个　液态鲜奶油250毫升

做法

1 量取鲜奶油250毫升。

2 倒入鲜奶油喷枪中。

3 将瓶盖、挤花嘴装上栓紧。

4 再放入氮气空气弹，并锁紧，使气体注入喷枪内瓶中。

5 将鲜奶油喷枪倒置，上下摇晃数次，直到喷枪内瓶中没有液体声音即可。

6 按下把手，将挤花嘴和咖啡液呈垂直角度，离咖啡液表面1~2厘米，以螺旋方式由外向内挤入。

独家秘籍

🌿 加味发泡鲜奶油的制作

发泡鲜奶油除了原味之外，也可以在做法1中加入粉类（如香草粉）或酱类（如巧克力酱），混拌均匀后就成为加味的发泡鲜奶油，但唯有酸性食材不能加入（如柠檬汁），否则会加快发泡鲜奶油腐坏的速度。

🌿 鲜奶油喷枪的容量

鲜奶油喷枪的容量有限，因此倒入的鲜奶油以200~250毫升为限，而且务必将鲜奶油喷枪洗净沥干水分后，再倒入鲜奶油。

🌿 氮气空气弹

使用过的氮气空气弹，中间会有一个孔洞。每个只能使用一次，无法再重复使用，属于抛弃式的消耗品。

未使用过的间没有孔洞

使用过的，中间会有一个孔洞

增添咖啡风味的材料

1.酒类

　　和咖啡相配的甜酒中，较常使用的有君度橙味力娇酒、卡鲁哇咖啡酒、百利甜酒、杏仁酒及和冰咖啡极为相配的薄荷酒。而烈酒和咖啡的组合则属于成人口味，常用的烈酒有白兰地、威士忌、朗姆酒。

❶

2.各式加味糖浆、果露

　　市面上有多种品牌的糖浆，而果露也属于其中一种。常用于调配咖啡的糖浆有草莓、玫瑰、焦糖、榛果、香草等口味，有时利用其颜色就可以做出色彩缤纷的分层咖啡，极具卖相。

❷

❸

3.巧克力

　　咖啡和巧克力的组合就称为"摩卡"咖啡。常使用的有巧克力酱、巧克力粉、巧克力豆、巧克力碎等。

4.糖类

　　用来添加在咖啡中的糖有很多种，包括方糖、细砂糖、结晶冰糖、红糖、咖啡冰糖、蜂蜜等，具有甜度及口味上的微妙差异。

5.粉类

　　粉类材料除了用来筛撒在咖啡表面上作为装饰之外，有时也可以和咖啡一起混合拌匀后改变口味，常用的有巧克力粉、抹茶粉、肉桂粉等。

❹

❺

6.奶制品类

　　奶制类材料可以让咖啡更香醇顺口，常用的有牛奶、奶精粉、奶精球、鲜奶油、炼乳等材料。除此之外，将牛奶打成奶泡加入咖啡中，更是另一种顺滑绵密的不同口感。

7.酱类

　　使用不同酱类材料可以做出极具卖相的咖啡雕花装饰，让咖啡饮品呈现更好的效果，常用的酱类材料有巧克力酱、小红莓酱、白巧克力酱、焦糖酱等。

❼

8.冻类

　　具有咀嚼口感的材料，若要搭配咖啡一起饮用，咖啡和焦糖布丁的口味较为适合。

❻

❽

第二章

风味意式咖啡

Coffee

意式浓缩咖啡(Espresso)的认识

Espresso的意思跟英文的under pressure是相同的，指的是高压且快速的咖啡冲煮方式，此方法能把咖啡最精华的美味萃取出来，由于萃取时间短，因此溶出的咖啡因的量也少。使用约8克的意式咖啡豆，研磨成极细的咖啡粉，经过高压与90℃的高温，就能在约25秒内萃取出30~45毫升的浓缩咖啡液。而以意式浓缩咖啡液为基底，再搭配牛奶、奶泡所创造出来的意式咖啡，在咖啡馆中是最受欢迎的产品，例如：拿铁咖啡、卡布奇诺咖啡、焦糖玛奇朵咖啡。

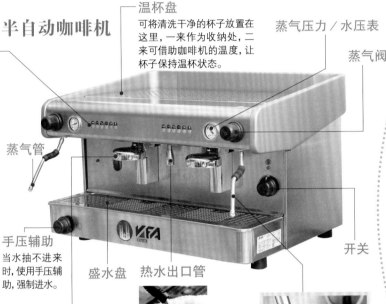

半自动咖啡机

温杯盘
可将清洗干净的杯子放置在这里，一来作为收纳处，二来可借助咖啡机的温度，让杯子保持温杯状态。

蒸气压力／水压表

蒸气阀

蒸气管

手压辅助
当水抽不进来时，使用手压辅助，强制进水。

盛水盘

热水出口管

开关

设定面板按钮

共有6个按钮，可设定咖啡液流出的容量，较常设定使用的为30毫升、45毫升、60毫升、90毫升。另外热水按钮则是使热水流出，通常都利用此按钮来温杯。

细节：若需要使用大量热水，建议不要用咖啡机的热水，会较耗电、耗时。

咖啡把手

分单槽和双槽两种。
（1）单槽：制作单份（single）咖啡时使用，约需填充8克的咖啡粉（误差值±1克）。
（2）双槽：制作双份（double）咖啡时使用，约需填充16克的咖啡粉（误差值±2克）。

细节1：将咖啡把手改装，就可以变成茶把手，再放入细碎的茶叶就能萃取出茶汤，制作出各式各样的茶饮品。

细节2：咖啡把手不使用时，可以扣在咖啡机上，让它保持温度，一旦需要冲煮咖啡，不会瞬间拉低温度。

蒸气管和蒸气阀

可在短时间内加热液体，并可将牛奶制作成奶泡，顺时针方向为关，逆时针方向为开。蒸气管不使用的时候是冷的，所以刚喷洒出来的是水，因此要先稍微放气让水分排出，再打奶泡，打完奶泡后，需要再放一次蒸气，排出残留在管内的牛奶。

细节：制作成奶泡后，要尽快将残留在蒸气管喷头上的牛奶渍用干净的布擦拭清除掉，否则牛奶渍干掉后，不仅不易清除也易阻塞喷孔。

填压器

填压器的两头造型略有不同，平整的一头是用来将咖啡粉填压平整，而凸出的一头则是用来轻敲咖啡把手两端，让咖啡把手边缘内一些没有压紧的咖啡粉落下，然后再次施力填压，让咖啡粉的密度均匀。

磨豆机

磨豆机用来研磨咖啡豆，需依咖啡豆的配方、萃取的时间、口味来调整磨豆的粗细度。一般而言，调整方向是顺时针细、逆时针粗。而当磨豆机约磨了600千克的咖啡豆时，就要更换刀片（深焙豆、较油的咖啡豆约400千克）。

独家秘籍

意式浓缩咖啡的灵魂——咖啡油脂（crema）

crema就是意式浓缩咖啡上面的那一层油脂，呈金黄色、浓厚如糖浆的状态，属于蒸气压力萃取出来的独特油脂。若呈现出黑色或颜色过深的咖啡油脂，则表示萃取过度，有可能是咖啡粉研磨过细或填压太多的咖啡粉、或填压咖啡粉时过于用力等原因所造成的，其萃取状态就是滴落的方式或萃取时间过长。

意式咖啡机的操作

1 将咖啡粉填入咖啡把手中。

2 使用储豆槽的上盖抹除多余的咖啡粉。

3 使用填压器向下将咖啡粉压平（力量要均衡）。

4 再利用填压器的另一端轻敲咖啡把手两端，再次将咖啡粉填压平整。

5 利用毛刷将咖啡把手两端的粉末刷除。

6 以45度的角度，将咖啡把手扣入咖啡机的凹槽中，再向右转固定住。

7 按下热水按钮后，用热水温杯。

8 再按下设定按钮，将浓缩咖啡液萃取至杯中。

细节：要将浓缩咖啡液萃取至杯中时，尽量让咖啡液能沿着杯壁向下流入，较能萃取出漂亮的咖啡油脂。

意式浓缩咖啡

材料

意式浓缩咖啡液30毫升

做法

温杯后，将萃取出的意式浓缩咖啡液倒入杯中即可。

独家秘籍

饮用意式浓缩咖啡时可加糖。

（变化款）

意式浓缩咖啡

材料

意式浓缩咖啡液30毫升

榛果果露10毫升　柠檬1块

做法

1. 温杯后，将榛果果露倒入杯中（图❶）。
2. 萃取出浓缩咖啡液（图❷）。
3. 将柠檬放置在杯口处。

独家秘籍

1. 品尝时可以先吸取柠檬汁，再一口喝下咖啡。这是一款味觉层次相当分明的咖啡，而且在视觉上也能呈现出层次感：底层是榛果果露，第二层是浓缩咖啡，第三层是咖啡油脂，第四层是柠檬。

2. 若想要制作此款咖啡，建议使用纯酒杯（shot杯），才能欣赏到分层效果。

康宝兰咖啡

材料

意式浓缩咖啡液30毫升　发泡鲜奶油适量
可可粉少许

装饰材料

可可粉少许

做法

1. 温杯后，将萃取出的意式浓缩咖啡液注入杯中（图❶）。
2. 再将发泡鲜奶油挤在咖啡液表面上，并筛撒上可可粉装饰即可（图❷）。

独家秘籍

1. 若想让康宝兰咖啡有点变化，可以在杯子底层中加入10毫升的玫瑰果露，再注入浓缩咖啡液并挤上发泡鲜奶油，就成为"玫瑰康宝兰咖啡"了。

2. 因为康宝兰咖啡只需使用到30毫升的浓缩咖啡液，因此此款饮品只适合小杯，而且为了品尝到鲜奶油的"冰"和咖啡的"热"的交错口感，此款是不做冰饮的。

咖啡玛娜奇娜

材料

意式浓缩咖啡液30毫升　纯巧克力块15克　牛奶200毫升

装饰材料

纯巧克力少许　巧克力酱少许

做法

1. 纯巧克力块削成碎片状，放入杯底。
2. 再萃取出意式浓缩咖啡液，备用。
3. 取牛奶放入小型拉花钢杯中，打成奶泡。
4. 将奶泡中的牛奶缓缓倒入做法2的杯中至九分满。
5. 将奶泡刮入至杯满，用巧克力（削成碎片状）、巧克力酱装饰即可。

独家秘籍

1. 材料中的纯巧克力块是指含有65%以上的可可脂，属于没有甜味的纯巧克力。

2. 此款饮品并不需要糖包，因为这道咖啡最主要是为了品尝巧克力的风味。

热 美式咖啡

材料
热水150毫升
意式浓缩咖啡液45毫升

做法
1. 温杯后，先在杯中加入热水（图❶）。
2. 再萃取出意式浓缩咖啡液，倒入杯中（图❷）。

独家秘籍

1. 美式咖啡虽然是由热水、浓缩咖啡制成的，但是建议先将热水加入杯中，再加入浓缩咖啡，这样才不会破坏到浓缩咖啡最上层的油脂，也不会产生涩味和焦味。
2. 可搭配糖包1包、奶精球1颗。

冰 美式咖啡

材料
意式浓缩咖啡液　　45毫升
凉开水　　　　　　180毫升
果糖　　　　　　　20毫升
冰块　　　　　　　适量

做法
1. 杯中放入冰块至六分满。
2. 再放入意式浓缩咖啡液、凉开水、果糖拌匀即可。

独家秘籍

可搭配奶精球1颗。

热 特调咖啡

材料

意式浓缩咖啡液45毫升
热水100毫升　可可粉8克
奶精粉15克　细砂糖5克
红盖鲜奶油10毫升

做法

1. 温杯后，依次放入可可粉、奶精粉、细砂糖。
2. 放入红盖鲜奶油。
3. 再同时将意式浓缩咖啡液、热水注入杯中，搅拌均匀即可。

独家秘籍

特调咖啡的意思是指使用独一无二的调制配方，所制作出的独家咖啡，因此每一家咖啡馆的特调咖啡味道是不一样的。在此也可以将可可粉改成其他口味的果露或粉类材料，变化出专属于自己的特调咖啡。

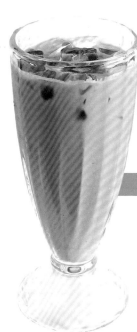

独家秘籍

摇酒器的容量有360毫升、500毫升、700毫升，应搭配用杯的容量选择适合的摇酒器。如选用360毫升的摇酒器摇晃材料，则须加入满杯的冰块，若选用500毫升的摇酒器，则须加入七分满的冰块。

冰 特调咖啡

材料

A	意式浓缩咖啡液	45毫升
	热水	120毫升
	可可粉	8克
	奶精粉	25克
	细砂糖	5克
	红盖鲜奶油	10毫升
B	冰块适量	

做法

将材料A放入摇酒器（360毫升）中搅拌均后，再放入冰块至满杯，摇晃均匀即可倒入杯中。

浓缩咖啡组合

材料
意式浓缩咖啡液90毫升
咖啡粉5克　砂糖适量
冰块适量　柠檬片2片　莲花脆饼2块

做法

1. 温杯后，将意式浓缩咖啡液30毫升萃取至杯中。
2. 取一摇酒器，加入冰块至六分满，再加入意式浓缩咖啡液60毫升，均匀摇晃后隔离冰块，倒入高脚杯中。
3. 将柠檬薄片撒上咖啡粉及砂糖。
4. 将做法1和做法2的咖啡液，连同莲花脆饼、柠檬片一起呈现。

热 盆栽拿铁

材料
意式浓缩咖啡液45毫升
提拉米苏果露15毫升
牛奶150毫升
发泡鲜奶油适量
奥利奥饼干碎适量

装饰材料
薄荷叶1株　石头巧克力少许

做法

1. 将意式浓缩咖啡液萃取至杯中，加入提拉米苏果露拌匀，备用。
2. 取牛奶放入中型拉花钢杯中，打成奶泡。
3. 再将奶泡中的牛奶缓缓倒入做法1的杯中至八分满，拌匀。
4. 挤上一层发泡鲜奶油，再用奥利奥饼干碎铺平表面，最后用薄荷叶、石头巧克力装饰即可。

爆米花拿铁

材料

意式浓缩咖啡液45毫升
爆米花果露15毫升
牛奶250毫升　发泡鲜奶油适量

装饰材料

爆米花适量　五彩脆球适量

做法

1. 将爆米花果露倒入杯中作为底层。
2. 牛奶放入中型拉花钢杯中，打成奶泡。
3. 将奶泡中的牛奶缓缓倒入做法1的杯中至五分满，拌匀。
4. 刮入约2厘米奶泡，再缓缓倒入意式浓缩咖啡液。
5. 挤上一层发泡鲜奶油，再用爆米花、五彩脆球装饰即可。

爆米花拿铁

材料

意式浓缩咖啡液60毫升　爆米花果露15毫升
牛奶250毫升　冰块适量　巧克力发泡鲜奶油适量

装饰材料

巧克力适量　彩色巧克力豆适量
爆米花适量　五彩脆球适量　巧克力卷2根

做法

1. 将巧克力用融化成液体后，将杯沿蘸裹一圈，再用彩色巧克力豆装饰，冷却备用。
2. 将萃取出的意式浓缩咖啡液倒入做法1的杯中，加入爆米花果露拌匀，再加入冰块至七分满。
3. 取牛奶倒入手拉奶泡壶中，快速打发成奶泡。
4. 将奶泡杯中的牛奶缓缓地倒入做法2的杯中至九分满。
5. 挤上一层巧克力发泡鲜奶油，再用爆米花、五彩脆球、巧克力卷装饰即可。

Coffee

独家秘籍

拿铁咖啡、卡布奇诺咖啡、玛奇朵咖啡的区别，仅在于奶泡与牛奶的分量比例不同。区分如下：

拿铁咖啡　1：3：1（浓缩咖啡液：牛奶：奶泡）
卡布奇诺咖啡　1：2：2（浓缩咖啡液：牛奶：奶泡）
玛奇朵咖啡　1：1：3（浓缩咖啡液：牛奶：奶泡）

热 拿铁咖啡

材料

意式浓缩咖啡液　　45毫升
牛奶　　　　　　　300毫升

做法

1. 温杯后，将萃取出的意式浓缩咖啡液注入杯中。
2. 取牛奶放入中型拉花钢杯中，打成奶泡。
3. 再将奶泡杯中的牛奶缓缓倒入做法1的杯中，用拉花装饰杯面即可。

冰 拿铁咖啡

材料

意式浓缩咖啡液45毫升　果糖15毫升
牛奶300毫升　冰块适量

装饰材料

焦糖酱少许

做法

1. 将意式浓缩咖啡液、果糖放入杯中拌匀后，放入冰块至七分满，备用。
2. 牛奶倒入手拉奶泡壶中，快速打发成奶泡。
3. 将奶泡杯中的牛奶缓缓倒入做法1的杯中至八分满时，再刮入奶泡至满杯，用焦糖酱雕花装饰即可。

玫瑰冰拿铁

材料
A 牛奶　　　　　　　　100毫升
　　玫瑰果露　　　　　　20毫升
B 意式浓缩咖啡液　　　45毫升
　　牛奶　　　　　　　　200毫升
　　冰块　　　　　　　　适量

装饰材料
　　焦糖酱　　　　　　　少许

做法
1. 将100毫升牛奶、玫瑰果露放入杯中拌匀后，再放入冰块至七分满，备用。
2. 取200毫升牛奶倒入手拉奶泡壶中，快速打发成奶泡。
3. 将奶泡杯中的牛奶缓缓倒入做法1的杯中至七分满，再刮入少许奶泡。
4. 将意式浓缩咖啡液缓缓倒入，再刮入奶泡至满杯铺平，用焦糖酱雕花装饰即可。

拉花样式 ❶

制作提示：
将牛奶倒入约半杯时，往前挪移冲入，此时再顺着摇晃手势，逐渐向后退，牛奶至满杯时，再快速从中间处往前画出即可。

独家秘籍

1. 奶泡的制作除了以牛奶为单一材料之外，也可加入粉类材料（如：抹茶粉、巧克力粉）或各式果露（如：榛果果露、焦糖果露）混合成调味奶泡，以增加口味变化，也有颜色的装饰效果。

2. 此款饮品是利用抹茶奶泡再加上拉花技术的方式来呈现的，但因为是制作拿铁咖啡，所以抹茶牛奶的占比会比奶泡多，是以2：1的比例呈现。

3. 若不想使用拉花来呈现此款咖啡，可以筛撒抹茶粉将表面覆盖装饰。

热 抹茶拿铁

材料

热牛奶	100毫升
冰牛奶	200毫升
抹茶粉	15克
意式浓缩咖啡液	45毫升

做法

1. 温杯后，放入萃取出的意式浓缩咖啡液，备用。

2. 取中型拉花钢杯，放入热牛奶、抹茶粉拌匀后，加入冰牛奶略拌后，打成抹茶奶泡。

3. 再将奶泡杯中的抹茶牛奶缓缓倒入做法1的杯中，并拉花即可。

冰 抹茶拿铁

材料

意式浓缩咖啡液60毫升　抹茶粉30克
牛奶350毫升　果糖15毫升　冰块适量

装饰材料

抹茶粉少许

做法

1. 将100毫升牛奶加入抹茶粉，使用意式咖啡机蒸气棒搅打加热，备用。

2. 杯中加入冰块约七分满，倒入做法1的抹茶牛奶至五分满，再加入果糖拌匀。

3. 取剩下的牛奶倒入手拉奶泡壶中，快速打发成奶泡。

4. 将意式浓缩咖啡液倒入做法2的杯中，再刮入奶泡铺平。

5. 均匀筛撒上抹茶粉装饰即可。

热 脆皮棉花糖拿铁

材料

意式浓缩咖啡液45毫升
海洋焦糖果露15毫升
牛奶250毫升 砂糖少许

装饰材料

棉花糖2颗 柠檬片2小片 咖啡豆2颗

做法

1. 竹扦穿过棉花糖，棉花糖上方剪成小洞，放入柠檬片及咖啡豆装饰，再用喷枪微烤焦，备用。
2. 将意式浓缩咖啡液、海洋焦糖果露放入杯中拌匀，备用。
3. 取牛奶放入中型拉花钢杯中，打成奶泡。
4. 将奶泡杯中的牛奶缓缓倒入做法2的杯中至八分满后，刮入奶泡至满杯，抹平。
5. 奶泡上方撒上薄薄一层砂糖，再用喷枪烤至金黄色，最后用棉花糖装饰。

冰 脆皮棉花糖拿铁

做法

1. 竹扦穿过棉花糖，棉花糖上方剪成小洞，放入薄荷叶及咖啡豆装饰，再用喷枪微微烤焦，备用。
2. 取牛奶倒入手拉奶泡壶中，快速打发成奶泡。
3. 将奶泡杯中的牛奶150毫升倒入杯中，加入海洋焦糖果露拌匀，再加入冰块至七分满。
4. 刮入2～3厘米奶泡，拌匀，再缓缓倒入意式浓缩咖啡液，呈现三层。
5. 刮入奶泡至满杯抹平后，撒上一层薄薄的砂糖，再用喷枪烤至金黄色，最后用做法1的棉花糖装饰即可。

材料

意式浓缩咖啡液60毫升
海洋焦糖果露15毫升
牛奶250毫升 冰块适量
砂糖少许

装饰材料

棉花糖2颗
薄荷叶少许
咖啡豆2颗

拉花样式 ❷

制作提示：
将牛奶倒入约半杯时，往前挪移至中心处，此时再顺着摇晃手势，逐渐向后退，牛奶至满杯时，再快速从中间处往前画出即可。

Coffee

咖啡师宝典：咖啡控必备的第一本书

热 跳舞咖啡

材料

意式浓缩咖啡液45毫升　热水30毫升
果糖15毫升　牛奶200毫升

做法

1. 果糖放入杯中，备用。
2. 牛奶放入小型拉花钢杯中打成奶泡。
3. 将奶泡杯中的牛奶缓缓倒入做法1的杯中至六分满。
4. 将奶泡刮入至杯满，静待其分成牛奶和奶泡两层。
5. 最后再将意式浓缩咖啡液、热水拌匀后倒入，待其自动分至三层即可。

独家秘籍

材料中的果糖也可以改换成各式糖浆，这样就能制作出不同口味的跳舞咖啡了。

冰 跳舞咖啡

材料

A 巧克力酱　　　　20毫升
　　牛奶　　　　　　70毫升
B 意式浓缩咖啡液　45毫升
　　牛奶　　　　　　200毫升
　　冰块　　　　　　适量

做法

1. 将巧克力酱和70毫升的牛奶拌匀成巧克力牛奶，倒入用杯中。
2. 放入冰块至六分满，略微搅拌，备用。
3. 取200毫升牛奶倒入手拉奶泡壶中，快速打发成奶泡。
4. 将奶泡杯中的牛奶缓缓倒入做法2的杯中至七分满，并刮入些许奶泡至八分满。
5. 倒入意式浓缩咖啡液后，再将奶泡刮入至杯满后抹平装饰即可。

76

雕花样式 ①

制作提示：
利用白色奶泡先画出圆形后，再往外切割出线条，最后在中心点部位略微加强，以突显杯面图案。

冰激凌咖啡

材料
意式浓缩咖啡液45毫升　中号冰激凌1球
小号冰激凌2球

装饰材料
巧克力饼干1/2片

做法
1. 将冰激凌放入杯中后，倒入意式浓缩咖啡液。
2. 放入巧克力饼干装饰即可。

奶泡冰激凌咖啡

材料
意式浓缩咖啡液30毫升　中号冰激凌1球
牛奶300毫升

装饰材料
巧克力酱少许　咖啡豆2颗

做法
1. 将萃取出的意式浓缩咖啡放入杯中，再放入1球冰激凌，备用。
2. 牛奶倒入手拉奶泡壶中，快速打发成奶泡，将奶泡刮入做法1的杯中，再用巧克力雕花、咖啡豆装饰。

独家秘籍

利用大量的奶泡做出产品的视觉效果和口感，结合了咖啡、冰激凌、奶泡的冰饮，是一种新的口感体验。

雕花样式 2

制作提示：
利用白色奶泡为底图色彩，搭配巧克力酱、草莓酱点画出树和花的样貌，再筛撒上抹茶粉作为大地的图案。

Coffee

咖啡师宝典：咖啡控必备的第一本书

热 卡布奇诺

材料

意式浓缩咖啡液	30毫升
牛奶	200毫升

装饰材料

巧克力酱	少许

做法

1. 将意式浓缩咖啡液萃取至杯中，备用。
2. 将牛奶放入中型拉花钢杯中，打成奶泡。
3. 把奶泡杯中的牛奶缓缓倒入做法1的杯中至七分满。
4. 将奶泡刮入至杯满，用巧克力酱雕花装饰即可。

冰 卡布奇诺

材料

意式浓缩咖啡液	45毫升
牛奶	300毫升
果糖	15毫升
冰块	适量

装饰材料

巧克力酱	少许
咖啡油脂	少许

做法

1. 将果糖放入杯中作为底层，备用。
2. 将牛奶倒入手拉奶泡壶中，快速打发成奶泡。
3. 把奶泡杯中的牛奶缓缓倒入做法1的杯中至七分满，并刮入些许奶泡。
4. 放入冰块至杯中七分满后搅拌均匀。
5. 缓缓将意式浓缩咖啡液倒入，静待分层。
6. 刮入奶泡至满杯抹平后，用巧克力酱、咖啡油脂雕花装饰即可。

摩卡奇诺 热

材料
意式浓缩咖啡液30毫升　巧克力酱15毫升
牛奶250毫升

装饰材料
巧克力酱少许

做法
1. 将巧克力酱放入杯中后，放入意式浓缩咖啡液搅拌均匀，备用。
2. 将牛奶放入中型拉花钢杯中，打成奶泡。
3. 把奶泡杯中的牛奶缓缓倒入做法1的杯中至六分满，再将奶泡刮入至杯满。
4. 用巧克力酱在奶泡上面雕花装饰即可。

摩卡奇诺 冰

材料
意式浓缩咖啡液45毫升
巧克力酱15毫升
果糖5毫升
牛奶300毫升　冰块适量

装饰材料
巧克力酱少许

做法
1. 巧克力酱、果糖放入用杯中作为底层，备用。
2. 取牛奶倒入手拉奶泡壶中，快速打发成奶泡。
3. 把奶泡杯中的牛奶缓缓倒入做法1的杯中至五分满，并刮入些许奶泡。
4. 放入冰块至杯中七分满后搅拌均匀，缓缓倒入意式浓缩咖啡液，刮入奶泡至满杯后抹平，用巧克力酱雕花装饰即可。

雕花样式 3

制作提示：
先利用白色奶泡画出线条后，再以绕圈方式画出图案，中心点略微修饰即可。

咖啡师宝典：咖啡控必备的第一本书

热 西西里
薄荷奇诺

材料

意式浓缩咖啡液30毫升
白薄荷果露5毫升　榛果果露10毫升
牛奶300毫升

装饰材料

巧克力酱少许

做法

1. 依次将意式浓缩咖啡液、白薄荷果露、榛果果露倒入杯中，备用。
2. 牛奶用中型拉花钢杯中打成奶泡。
3. 把奶泡杯中的牛奶缓缓倒入做法1的杯中至六分满。
4. 再将奶泡刮入至满杯后抹平，用巧克力酱在奶泡上雕花装饰即可。

冰 西西里薄荷奇诺

材料

意式浓缩咖啡液45毫升　绿薄荷果露15毫升
果糖5毫升　牛奶250毫升　冰块适量

装饰材料

咖啡豆1颗　薄荷叶少许

做法

1. 将绿薄荷果露、果糖、牛奶放入中型拉花钢杯中拌匀后，快速打发成奶泡。
2. 将奶泡杯中的牛奶倒入用杯中至五分满，并刮入适量的奶泡，再放入冰块。
3. 缓缓倒入意式浓缩咖啡液，将奶泡刮入至满杯后抹平，用咖啡豆、薄荷叶装饰即可。

热 焦糖玛奇朵

材料

意式浓缩咖啡液30毫升　焦糖酱5毫升
焦糖果露10毫升　牛奶300毫升

装饰材料

焦糖酱少许

做法

1. 将焦糖酱、焦糖果露放入用杯中拌匀后，放入意式浓缩咖啡液，备用。
2. 牛奶放入中型拉花钢杯中，打成奶泡。
3. 将奶泡杯中的牛奶缓缓倒入做法1的杯中至五分满，刮入奶泡至满杯后抹平，用焦糖酱雕花装饰即可。

冰 焦糖玛奇朵

材料

意式浓缩咖啡液60毫升
焦糖果露15毫升
牛奶250毫升
发泡鲜奶油适量　冰块适量

装饰材料

巧克力适量
彩色巧克力豆少许
焦糖酱少许　杏仁角少许
饼干棒（POCKY）2根

做法

1. 巧克力融化成液体后，用杯沿蘸裹一圈，再用巧克力豆装饰，冷却备用。
2. 将意式浓缩咖啡液萃取至做法1的杯中，加入焦糖果露拌匀，再加入冰块至七分满。
3. 牛奶倒入手拉奶泡壶中快速打发成奶泡。
4. 将奶泡杯中的牛奶缓缓倒入做法2的杯中至九分满。
5. 挤上一层发泡鲜奶油，再用焦糖酱、杏仁角、饼干棒装饰即可。

雕花样式 ➍

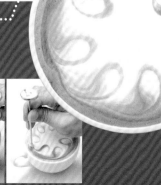

制作提示：
利用白色奶泡先填成圆形后，再依圆形边缘处按顺时钟方向由外向内勾画。

Coffee

咖啡师宝典：咖啡控必备的第一本书

热 似曾相识

材料
意式浓缩咖啡液45毫升　热水45毫升
玫瑰果露15毫升　牛奶250毫升

装饰材料
小红莓装饰酱适量　薄荷叶1片

做法
1. 将玫瑰果露放入杯中作为底层，备用。
2. 萃取出的意式浓缩咖啡液中加入热水。
3. 将牛奶放入中型拉花钢杯中，打成奶泡。
4. 将奶泡杯中的牛奶缓缓倒入做法1的杯中至六分满。
5. 刮入2～3厘米奶泡，再缓缓倒入做法2的意式浓缩咖啡液，呈现三层。
6. 刮入奶泡至满杯抹平后，用小红莓装饰酱在奶泡表面画上米字形，再用雕花笔由外向内以螺旋状的方式画至中心点，放上薄荷叶装饰即可。

冰 似曾相识

材料
意式浓缩咖啡液60毫升　玫瑰果露15毫升
牛奶250毫升　冰块适量

装饰材料
草莓巧克力适量　小红莓装饰酱适量
薄荷叶少许

做法
1. 将草莓巧克力融化成液体后，在杯沿蘸裹一圈装饰，冷却备用。
2. 将玫瑰果露放入做法1的杯中作为底层，加入冰块至七分满，备用。
3. 牛奶倒入手拉奶泡壶中，快速打发成奶泡。
4. 将奶泡杯中的牛奶150毫升缓缓倒入做法2中至六分满。
5. 先刮入2～3厘米奶泡，再缓缓倒入意式浓缩咖啡液，呈现三层。
6. 刮入奶泡至满杯抹平后，用小红莓装饰酱在奶泡表面装饰，最后放上薄荷叶即可。

热 幸福拿铁

材料
意式浓缩咖啡液45毫升　黑糖粉15克
牛奶250毫升

装饰材料
黑糖粉少许　柠檬皮丝少许

做法
1. 将意式浓缩咖啡液萃取至杯中，加入黑糖粉拌匀，备用。
2. 牛奶放入中型拉花钢杯中打成奶泡。
3. 将奶泡杯中的牛奶缓缓倒入做法1的杯中至八分满后，刮入奶泡至满杯抹平。
4. 均匀筛撒上黑糖粉，用柠檬皮丝装饰即可。

冰 幸福拿铁

材料
意式浓缩咖啡液60毫升
黑糖粉15克
牛奶150毫升
冰块适量

装饰材料
黑糖粉少许　柠檬皮丝少许

做法
1. 杯中加入冰块约八分满，备用。
2. 将萃取出的意式浓缩咖啡液倒入做法1的杯中，加入黑糖粉拌匀。
3. 牛奶倒入手拉奶泡壶中，快速打发成奶泡。
4. 再将奶泡杯中的牛奶缓缓倒入做法1的杯中至九分满，刮入奶泡至满杯抹平。
5. 均匀地筛撒上黑糖粉，用柠檬皮丝装饰即可。

热 糖霜焦糖布丁玛奇朵

材料
意式浓缩咖啡液45毫升
布丁适量
牛奶300毫升　焦糖果露10毫升
糖粉少许

做法

1. 布丁、焦糖果露放入杯底，放入萃取出的意式浓缩咖啡液，备用。
2. 牛奶放入中型钢杯中，打成奶泡。
3. 将奶泡杯中的牛奶缓缓倒入做法1的杯中至五分满。
4. 再将奶泡刮入至杯满后，撒上糖粉，用喷枪烧烤至呈金黄上色即可。

冰 糖霜焦糖布丁玛奇朵

材料
意式浓缩咖啡液45毫升　布丁适量
牛奶300毫升　焦糖果露15毫升
糖粉少许　冰块适量

装饰材料
薄荷叶少许

做法

1. 布丁、焦糖果露放入杯底，放入冰块至七分满，备用。
2. 取牛奶倒入手拉奶泡壶中，快速打发成奶泡。
3. 将奶泡杯中的牛奶缓缓倒入做法1的杯中至六分满。
4. 先刮入少许奶泡后，倒入萃取出的意式浓缩咖啡，再将奶泡刮入至杯满。
5. 撒上糖粉，用喷枪烧烤至呈金黄色，再用薄荷叶装饰即可。

独家秘籍

产品制作重点提示

糖粉会因烧烤而在咖啡表面上产生酥脆的口感；另外在杯底中，加入滑嫩的布丁也有提升咖啡整体口感层次的效果。

热 香浓巧克力

材料
热牛奶100毫升　可可粉25克
冰牛奶120毫升

做法
1. 将热牛奶、可可粉放入中型钢杯中搅拌均匀。
2. 倒入冰牛奶略微搅拌，用意式咖啡机中的蒸气管打至呈岩浆状后，倒入杯中即可。

冰 香浓巧克力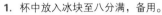

材料
热牛奶80毫升　可可粉25克
冰牛奶100毫升　冰块八分满
奶泡适量　巧克力粉少许

装饰材料
薄荷叶少许

做法
1. 杯中放入冰块至八分满，备用。
2. 将热牛奶、可可粉放入中型钢杯中一起搅拌均匀。
3. 倒入冰牛奶略微搅拌，用意式咖啡机中的蒸气管打至呈岩浆状，倒入做法1的杯中。
4. 再刮入奶泡至满杯后抹平，筛撒上巧克力粉，用薄荷叶装饰即可。

雕花样式 5

制作提示：
放入奶泡填成圆形后，用巧克力酱点出4个小点，再将咖啡油脂点进4个小点的中心，最后按顺时针方向绕画一圈即可。利用巧克力酱和咖啡油脂不同颜色的深浅度，来实现图案的层次感。

牛奶的种类

用来搭配咖啡使用的牛奶有全脂牛奶、低脂牛奶、脱脂牛奶等3种。其差别就在于脂肪含量的多少，具体区分如下所述。

◎**全脂牛奶：**
脂肪含量应在3%以上，未满3.8%。

◎**低脂牛奶：**
脂肪含量应在1%～1.5%之间。

◎**脱脂牛奶：**
脂肪含量应在0.5%以下。

独家秘籍

Q：用来搭配咖啡的奶制品，只有牛奶吗？是否还有其他的材料呢？

A：除了3款不同脂肪含量的牛奶之外，豆浆也可以搭配咖啡，它一样可以打成奶泡，这是为牛奶过敏或不喜爱喝牛奶的人所准备的。

打出细致绵密的奶泡

"奶泡"是指将空气打入牛奶中混合所产生出来的一种蓬松物质，它能增加咖啡口感的顺滑度，因此，奶泡打得好，能为咖啡加分。但是若空气打入过多，就会产生过粗的奶泡，我们称为"硬泡"，而打入过少的空气，则只会产生稀薄的奶泡，易变成牛奶。

打奶泡的工具有两种，一种是使用发泡壶，另一种是使用意式咖啡机上的蒸气管。前者需要用手不断地用抽压的方式来操作，后者则需要搭配拉花钢杯，再利用蒸气管才能打出奶泡。

使用手拉奶泡壶制作奶泡

1 将牛奶倒入手拉奶泡壶内约四分满，如欲制作热牛奶泡沫，需将牛奶连同发泡壶以隔水加热的方式加热至60℃。

2 盖上手拉奶泡壶上盖，反复抽压中央的把手，直到上盖边缘可见牛奶泡沫为止。

3 打开上盖，静置约30秒或是轻敲发泡壶数下，使表面气泡消失，用汤匙舀掉表面较粗的泡沫即可使用。

使用蒸气管制作奶泡

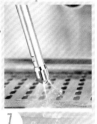

1 先将蒸气管中的水气放掉。

2 将牛奶倒入拉花钢杯中。

3 再将蒸气管斜放进做法2的拉花钢杯中（约1/2高度）。

4 打开蒸气阀开始加热，使牛奶产生漩涡，让蒸气和牛奶充分混合产生出奶泡（加热温度为60~70℃）。

5 直到拉花钢杯内的奶泡约九分满，关闭蒸气阀，用汤匙刮除表面较粗的泡沫即可使用。

拉花钢杯与奶泡的关系

拉花钢杯是上窄口、下宽底的尖嘴设计，较常见的有300毫升、600毫升、1000毫升等容量尺寸。配合所选用的咖啡杯选择不同容量的拉花钢杯，才不易造成牛奶的浪费或不足。例如：选用的咖啡杯容量是360毫升，就可以选用300毫升或600毫升的拉花钢杯来制作奶泡。

打奶泡理想的温度是60~70℃，以前的做法是拿温度计来测量温度，现在则在拉花钢杯外粘贴上温度感测贴纸，只要温度一到，感测贴纸就会以不同深浅度的颜色呈现，相当方便实用。

拉花、雕花图型赏析

独家秘籍

Q1：用不完或剩下的奶泡该如何处理呢？

A1：用不完或剩下的奶泡可以先暂时放入容器中，以隔冰块水的方式让其温度下降后，再将浮在表面上的旧奶泡捞除，放入冰箱中冷藏，需要的时候就可以再拿出来重新打奶泡。

Q2：打出来的奶泡该如何运用在咖啡的拉花上呢？

A2：拉花是利用咖啡与奶泡的颜色对比，在宽口杯面上运用手的摇动技巧，制作出图案，所需要的奶泡温度为60~70℃，温度太高的奶泡会让图案不易成形，若真的不易掌控拉花技巧，也可以直接将奶泡刮入杯中。

流行装饰技法

咖啡的流行趋势一直在变，下面就介绍几种流行的装饰方法。

技法1： 立体咖啡拉花

立体拉花造型多半是以可爱的动物或人偶为主，像是猫咪、熊猫、兔子、小猪等。

制 作 方 法

开始做小猫咪 ▶

1 倒入牛奶至杯缘下1厘米，等约1分钟直至牛奶沉淀。

2 倒入奶泡中的牛奶铺一层底。

3 再用奶泡画出比杯子小0.5厘米的圆形作为底。

4 头：在杯子前端用奶泡画出约2.5厘米的小圆球。

5 耳朵：在头上的左右分别画出对称尖的小凸起。

6 脚：在头前面沿着杯缘画出比耳朵略大的对称凸起。

7 身体：在头后面画出比头略大的椭圆形。

8 尾巴：在身体的尾端画出小圆球。

9

用雕花笔蘸巧克力在头上画出眼睛和鼻子。

10

以鼻子为中心往左右画出弧形嘴巴。

11

在嘴巴两侧分别画出胡须,并在耳朵上画出轮廓。

12

在尾巴上画上小圆点,再在脚上画出轮廓。

13

在白色底和身体上可以写文字。

独家秘籍

1. 立体拉花可用手拉或是用机器做,用机器做出来的形状较圆,样貌较可爱。

2. 也可把巧克力酱放在瓶中挤压代替画五官的笔。

3. 做立体拉花最重要的是奶泡要够绵细,一方面画圆的线条不会破,另一方面画出来的动物不会消泡。

技法2: **巧克力杯饰**

制 作 方 法

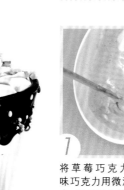

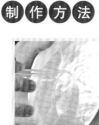

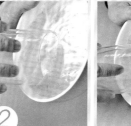

1

将草莓巧克力或原味巧克力用微波炉小火,以10秒为单位,分段融化。

2

杯子杯沿蘸裹一圈,再视需要粘上小颗巧克力米装饰,即可。

独家秘籍

本书中的P71冰爆米花拿铁和P81的冰焦糖玛奇朵就是在杯子上做变化,增加卖相,更加吸引人。

巧克力酱太热不易粘在杯口,最适合的温度在30~33℃之间,为避免过热,用微波融化时要以10秒为单位慢慢融化。

第四章

茶、冰沙、轻食

茶、冰沙、轻食

Coffee

热 伯爵奶茶

材料

伯爵茶叶	8克
热开水	500毫升
鲜奶油	20毫升

做法

1. 将热开水（分量外）装入瓷壶中温壶，约30秒后倒掉。
2. 将茶叶放入壶中，冲入热水中，浸泡2~3分钟即可饮用。
3. 附上鲜奶油即可制作成奶茶。

冰 伯爵冰奶茶

材料

奶油伯爵红茶6克　热开水220毫升
奶精粉3大匙　果糖15毫升　冰块适量

装饰材料

发泡鲜奶油适量　焦糖酱少许

做法

1. 将奶油伯爵红茶用热开水浸泡3~5分钟，待茶色释出。
2. 取摇酒器（500毫升），倒入茶汤、奶精粉、果糖，放入冰块至六分满。
3. 摇晃均匀后，倒入杯中，加入冰块至七分满，挤上一层发泡鲜奶油，用焦糖酱装饰即可。

^热黄金阿萨姆 鲜奶茶

材料

黄金阿萨姆红茶10克
热开水400毫升
牛奶150毫升
砂糖适量

做法

1. 取雪平锅，放入黄金阿萨姆红茶、15克砂糖、热水，以中小火煮至沸腾，待茶色释出。
2. 加入牛奶以中火煮至约70℃，滤出茶汤，倒入壶中即可。
3. 可随壶附上糖罐。

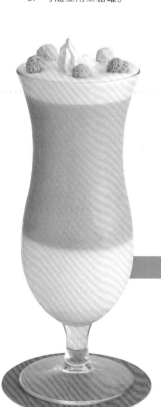

独家秘籍

因液体密度不同，
牛奶一定要慢慢倒入。

^冰黄金阿萨姆 鲜奶茶

材料

黄金阿萨姆红茶10克　热开水200毫升
冰牛奶适量　果糖15毫升　冰块适量

装饰材料

发泡鲜奶油少许　五彩脆球少许

做法

1. 将黄金阿萨姆红茶和热开水一起浸泡3~5分钟，待茶色释出。
2. 牛奶倒入手拉奶泡壶中，快速打发成奶泡。
3. 杯中加入冰块至七分满，倒入奶泡，加入果糖拌匀，再缓缓倒入做法1的茶汤至九分满。
4. 刮入奶泡至满杯抹平，再用发泡鲜奶油、五彩脆球装饰即可。

热 草莓覆盆子 水果茶

材料

A 有机草莓覆盆子水果茶10克
　　热开水600毫升　柚子酱适量
　　蜂蜜适量
B 汽水适量　冰块适量

装饰材料

　草莓1片

做法

1. 将热开水（分量外）装入玻璃花
   草壶中温壶，约30秒后倒掉。
2. 有机草莓覆盆子水果茶放入壶
   中，冲入热开水，浸泡3～5分
   钟，待茶色释出。
3. 另取一玻璃杯，放入冰块至八分
   满，倒入汽水至五分满，再加入
   茶汤至九分满，放入草莓片装饰
   即可。
4. 可以随壶附上柚子酱和蜂蜜。

冰 草莓覆盆子水果茶

材料

　有机草莓覆盆子水果茶10克
　热开水300毫升　汽水100毫升
　柚子酱15克　蜂蜜10毫升
　冰块适量　草莓1颗

装饰材料

　草莓1颗　芒果1块　薄荷叶少许

做法

1. 有机草莓覆盆子水果茶、柚子酱、蜂蜜放入壶中，冲入热
   开水，浸泡5分钟，待茶色释出，拌匀后冷却备用。
2. 草莓对切，放入用杯上，加入冰块至七分满，倒入汽水
   后，再倒入做法1的茶汤至八分满。
3. 取竹扦穿过草莓及芒果置于杯口，用薄荷叶装饰即可。

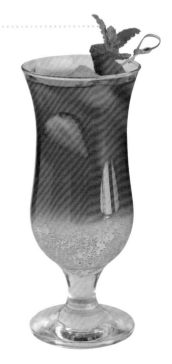

创意缤纷双色水果茶

材料
原味冰酿苹果茶5克　有机草莓覆盆子水果茶5克
热开水400毫升　接骨木花果露15毫升　冰块适量　柠檬1小块

做法
1. 将原味冰酿苹果茶用200毫升热开水浸泡5分钟，待茶色释出，备用。
2. 有机草莓覆盆子水果茶加入热开水200毫升，浸泡5分钟，待茶色释出，备用。
3. 杯中放入做法1的原味冰酿苹果茶汤至六分满，放入冰块至五分满。
4. 再加入接骨木花果露，拌匀，放入柠檬，最后加入做法2的有机草莓覆盆子水果茶汤至九分满即可。

独家秘籍

　　有分层效果的饮品，除了可运用在咖啡的制作上，茶品的制作也可以如法炮制。将一种茶汤中加入糖作为底层，再倒入无糖的茶汤，就可以借由密度不同实现分层的效果。

冰酿苹果红茶

材料
原味冰酿苹果茶10克　热开水300毫升
冰块适量　蜂蜜15毫升　碎冰适量
苹果块适量

装饰材料
苹果片适量　薄荷叶少许

做法
1. 将原味冰酿苹果茶和热开水一起浸泡5分钟，待茶色释出，备用。
2. 杯中加入冰块至七分满，倒入做法1的茶汤至八分满，再加入蜂蜜拌匀。
3. 放入碎冰至九分满，再放入苹果块，最后用苹果片、薄荷叶装饰即可。

Coffee

咖啡师宝典：咖啡控必备的第一本书

茶叶

玫瑰蜜桃煎茶

以日本精选顶级的绿茶，搭配红玫瑰花瓣，带有甘醇香味。绿茶含有大量的儿茶素，有抗氧化的功效。

奶油伯爵红茶

由顶级的锡兰红茶配上佛手柑，再由香浓的奶油多次低温烘焙，冲泡后散发出浓郁的奶油味，是很受年轻人欢迎的茶品。

黄金阿萨姆
BP红茶

阿萨姆红茶的茶味浓烈，有甘醇的余香，很适合加入牛奶饮用，或以牛奶熬煮制成皇家奶茶，因属于浓烈的红茶，所以泡制的时间不需太长。

果粒

欧洲水果茶

有多种水果，含丰富的营养成分，口感微酸，可帮助去除餐后口中的油腻感，适合与冰糖或蜂蜜调和饮用。

冰酿苹果茶

主要成分有苹果块、碎片及黑莓叶，都带点自然的酸甜味，可帮助消化、促进新陈代谢，清爽无负担。

有机草莓覆盆子
水果茶

草莓和覆盆子是用天然的果粒制成的，含有丰富的矿物质和维生素，茶饮带有酸味，适合餐后饮用以去除油腻感。

96

有机樱桃玫瑰
水果茶

樱桃夹带玫瑰的香气，酸中带有水果的浓郁香味，含有维生素C、铁，可养颜美容，促进新陈代谢。

黄金岁月
水果茶

含有多种大粒果实的水果茶，味道可口，具有养颜美容、去除油腻感、促进新陈代谢的效果。适合与冰糖或蜂蜜调和饮用。

草本茶

有机舒福茶

由甘草和薄荷叶搭配而成，薄荷的清凉气味可帮助消化，维持消化道机能。茶喝起来气味清香、口感甘甜。

有机冷薄荷
花茶

柠檬草及薄荷叶的搭配，再加上苹果的香甜，柠檬香及薄荷可帮助消化、维持消化道机能，入口甘甜，使口气保持清新。

山竹玛黛茶

玛黛茶以阿根廷最受欢迎的饮料而闻名，更有"可以喝的沙拉"之称，含有膳食纤维可促进肠道蠕动，加上有"果后"之称的山竹，可促进新陈代谢。

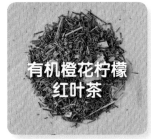

有机橙花柠檬
红叶茶

以有南非国宝茶之称的南非红茶叶为主，搭配橙皮、柠檬草及柠檬片。柠檬橙桔味道清香，是夜晚最佳的温和休憩茶，可帮助入睡。

有机舒缓花草茶

材料
有机舒福茶3克
有机舒眠花茶3克
热水500毫升 砂糖适量

做法
1. 将热开水（分量外）装入壶中温壶，约30秒后倒掉。
2. 将舒福茶、舒眠花茶放入壶中，冲入热开水，浸泡3~5分钟，待茶色释出。
3. 随壶附上糖罐即可。

冰 有机舒缓花草茶

材料
有机舒福茶3克 有机舒眠花茶3克
热水300毫升 冰块适量 蜂蜜15毫升

装饰材料
干燥的玫瑰花瓣

做法
1. 将热开水（分量外）装入壶中温壶，约30秒后倒掉。
2. 将舒福茶、舒眠花茶放入壶中，用热开水浸泡3~5分钟，待茶色释出。
3. 杯中加入冰块至七分满，加入蜂蜜，再倒入做法2的茶汤250毫升，搅拌均匀，用玫瑰花瓣装饰即可。

热 水果茶

材料

A 柳橙汁150毫升　百香果露15毫升
菠萝浓缩汁15毫升
荔枝果露20毫升　热水320毫升

B 猕猴桃丁少许　芒果丁少许
菠萝片少许　苹果丁少许

C 柠檬汁50毫升（新鲜压榨）
红茶包1包（每包2克）
蜂蜜20毫升

做法

1. 雪平锅中放入材料A、材料B以小火煮沸后熄火。
2. 继续放入柠檬汁、红茶包，略微抖动茶包待茶色释出后，再倒入壶中。
3. 随壶附上蜂蜜即可。

冰 水果茶

材料

A 草莓片少许　芒果丁少许　猕猴桃丁少许
苹果丁少许

B 柳橙汁120毫升　柠檬汁45毫升　荔枝果露20毫升
百香果露15毫升　水果茶汤200毫升（请见P95）
蜂蜜15毫升　冰块适量

装饰材料

薄荷叶少许

做法

1. 将材料A放入摇酒器（500毫升）中后，用汤匙略微捣碎。
2. 放入材料B于做法1的摇酒器中，摇晃均匀，倒入用壶中，以薄荷叶装饰即可。

独家秘籍

水果茶汤可事先冲泡大量后放入冰箱冷藏备用。

热 香柚橘茶

材料

A 柚子酱20克
　柳橙汁100毫升　浓缩菠萝汁10毫升
　百香果露10毫升　热开水180毫升
B 金橘汁45毫升（新鲜压榨）
　红茶包1包（每包2克）　蜂蜜20毫升

装饰材料
　金橘数颗

做法

1. 取雪平锅，放入材料A以小火煮沸，待香味释出后熄火。
2. 放入金橘汁、红茶包，略微抖动茶包待茶色释出后，再将所有材料倒入壶中。
3. 另将金橘切成4等份后放入壶中装饰提味，并随壶附上蜂蜜即可。

独家秘籍

此款饮品虽然在材料中已经含有甜味了，但是另外再附上蜂蜜是因为蜂蜜可以去除涩味。

冰 香柚橘茶

材料
　水果茶汤200毫升（见P95）
　金橘汁45毫升（新鲜压榨）
　柚子酱15克　柳橙汁120毫升
　浓缩菠萝汁15毫升
　百香果露15毫升　蜂蜜20毫升
　冰块适量

装饰材料
　金橘数颗　柠檬皮丝少许

做法

1. 将所有材料放入摇酒器（500毫升）中摇晃均匀后，倒入杯中。
2. 将金橘切成4等份后放入杯中装饰提味，放入柠檬皮丝即可。

香蕉摩卡冰沙

材料

A 意式浓缩咖啡液45毫升
摩卡奇诺冰沙粉3大匙
巧克力酱30毫升
香蕉（中）1根　牛奶80毫升
B 冰块1.5杯　发泡鲜奶油适量
可可粉适量

装饰材料

薄荷叶少许

做法

1. 香蕉切下2片薄片备用，其余切小段。
2. 将香蕉段和剩余材料A放入冰沙机中，放入冰块一起混合搅打均匀后，倒入杯中。
3. 再挤入发泡鲜奶油至满杯后抹平，筛撒上可可粉，放入做法1留下的2片香蕉片，用薄荷叶装饰即可。

巧酥冰沙

材料

A 意式浓缩咖啡液45毫升　牛奶80毫升
焦糖果露30毫升　摩卡奇诺冰沙粉3大匙
奥利奥饼干1块
B 冰块1.5杯　发泡鲜奶油适量

装饰材料

可可粉少许　巧笛酥饼干1支　奥利奥饼干1片

做法

1. 将材料A放入冰沙机中，放入冰块混合搅打均匀后，倒入用杯中。
2. 挤入发泡鲜奶油后，撒上可可粉，再放入奥利奥饼干（折半）和巧笛酥装饰。

独家秘籍

🍵 产品制作重点提示

1. 制作冰沙饮品要把握住"先加入材料，后加入冰块"的原则，除了易将材料搅打均匀，也不会因机器空转而伤害到冰沙机。
2. 冰块的量是以用杯为量取基准，例如制作500毫升的冰沙，就要取500毫升的杯子来盛装冰块，因此1.5杯是将冰块用500毫升的杯中，装取1.5杯的数量。

摩卡冰沙

材料

A 意式浓缩咖啡液45毫升
牛奶100毫升
摩卡奇诺冰沙粉3大匙
可可粉45克
B 冰块1.5杯
发泡鲜奶油适量
薄荷巧克力碎粒2/3大匙

做法

1. 先将材料A放入冰沙机中，再放入冰块一起混合搅打均匀后，倒入用杯中。
2. 挤入发泡鲜奶油至做法1的杯中后，再放入薄荷巧克力碎粒即可。

草莓冰沙

材料

A 冷冻草莓1/2杯　草莓果露45毫升
柳橙汁120毫升　柠檬汁20毫升
果糖15毫升　原味冰沙粉45克
B 冰块1杯

装饰材料

草莓片5片　薄荷叶少许

做法

1. 将材料A放入冰沙机中，放入冰块混合搅打均匀后，倒入杯中。
2. 冰沙上铺放草莓片，用薄荷叶装饰即可。

独家秘籍

利用冷冻水果作为冰沙产品的材料，可以解决水果产季的不同所导致的缺货问题，在国外这种利用冷冻水果制成的饮品，就称为思慕雪（smoothies）健康冬饮。但因为冷冻水果已经由低温冷冻制成，会有类似冰块的效果，因此也可以取代冰块，所以冰块的量就要减少。

卡鲁哇冰沙

材料

A 意式浓缩咖啡液45毫升　牛奶80毫升
卡鲁哇咖啡酒30毫升　摩卡奇诺冰沙粉3大匙
咖啡豆少许
B 冰块1.5杯　发泡鲜奶油适量　咖啡冰激凌1球

装饰材料

巧克力酱少许　咖啡豆2颗

做法

1. 先将材料A放入冰沙机中，再放入冰块一起混合搅打均匀，倒入杯中。
2. 在做法1的用杯中挤入发泡鲜奶油，再放入咖啡冰激凌。
3. 最后挤入巧克力酱，放上2颗咖啡豆装饰即可。

独家秘籍

冰沙粉的口味众多，较常使用的是咖啡和原味的冰沙粉。添加适量的冰沙粉，除了可以增加冰沙的绵密口感之外，也不易融化成冰水，能让冰沙的口感持久些。

柠檬冰沙

材料

A 新鲜压榨的柠檬汁90毫升
　　冷开水100毫升　果糖50毫升
　　原味冰沙粉45克
B 冰块1.5杯　柠檬皮丝约10条

装饰材料

　柠檬皮丝少许

做法

1. 先将材料A放入冰沙机中，再放入材料B的一起混合搅打均匀后，倒入杯中。
2. 用柠檬皮丝装饰即可。

芒果冰沙

材料

A 冷冻芒果丁块120克
　　芒果果露45毫升　柳橙汁120毫升
　　新鲜菠萝片4小片（约60克）
　　柠檬汁15毫升　果糖少许
　　原味冰沙粉45克
B 冰块1.5杯

做法

　将材料A放入冰沙机中，放入冰块一起混合搅打均匀，倒入杯中即可。

奇异果冰沙

材料
A 薄荷果露　　　　　　　　20毫升
　　原味冰沙粉　　　　　　　45克
　　冷开水　　　　　　　　　150毫升
　　新鲜压榨的柠檬汁　　　　20毫升
　　果糖　　　　　　　　　　20毫升
B 冰块　　　　　　　　　　1.5杯
　　奇异果（猕猴桃）2颗（去皮切丁）

装饰材料
奇异果（猕猴桃）丁少许　薄荷叶少许

做法
1. 将材料A放入冰沙机中，放入冰块略微搅打均匀，放入奇异果略打匀，倒入杯中。
2. 用奇异果丁、薄荷叶装饰即可。

独家秘籍
奇异果必须要等到所有的材料略微搅打均匀后再放入，最主要是为了防止奇异果中的黑色籽因搅打时间长而被打碎后，产生苦涩的口感。加入薄荷果露就较为清香爽口。

红豆抹茶冰沙

材料
A 蜜红豆　　　　　　　　30克
　　抹茶粉　　　　　　　　45克
　　牛奶　　　　　　　　　180毫升
　　原味冰沙粉　　　　　　45克
　　果糖　　　　　　　　　15毫升
B 冰块　　　　　　　　　1.5杯

装饰材料
发泡鲜奶油　　　　　　　适量
蜜红豆　　　　　　　　　少许

做法
1. 将材料A放入冰沙机中，放入冰块一起混合搅打均匀后，倒入杯中。
2. 挤入发泡鲜奶油，用蜜红豆装饰。

香柚菠萝冰沙

材料

A 柚子酱		30克
菠萝块		100克
新鲜压榨的柠檬汁		20毫升
果糖		20毫升
柳橙汁		150毫升
原味冰沙粉		45克
B 冰块		1.5杯

做法

先将材料A放入冰沙机中，放入冰块一起混合搅打均匀，倒入杯中即可。

果粒茶冰沙

材料

苹果樱桃果粒茶	10克
热开水	180毫升
原味冰沙粉	45克
新鲜压榨的柠檬汁	15毫升
果糖	30毫升
冰块	1.5杯

装饰材料

薄荷叶	少许

做法

1. 苹果樱桃果粒茶放入热开水中浸泡2~3分钟，待茶色释出，备用。
2. 将茶汤（含果粒）放入冰沙机中，放入原味冰沙粉、柠檬汁、果糖、冰块，一起混合搅打均匀后，倒入杯中，用薄荷叶装饰即可。

翡翠冰沙

材料

A 菠菜　　　　　　　1棵
　　牛奶　　　　　　100毫升
　　薄荷果露　　　　20毫升
　　香草冰沙粉　　　　50克
B 冰块　　　　　　　1.5杯

做法

先将材料A放入冰沙机中，再放入冰块一起混合搅打均匀，倒入杯中即可。

香草冰沙

材料

A 牛奶　　　　　　　100毫升
　　香草冰沙粉　　　　　50克
　　水滴巧克力豆　　　　10克
B 冰块　　　　　　　1.5杯

装饰材料

发泡鲜奶油　　　　　　　适量
饼干屑　　　　　　　　　少许
巧克力豆　　　　　　　　少许
脆迪酥　　　　　　　　　2根

做法

1. 先将材料A放入冰沙机中，再放入冰块一起混合搅打均匀，倒入杯中。
2. 挤上一层发泡鲜奶油，再用饼干屑、巧克力豆、脆迪酥装饰即可。

手工牛肉汉堡

材料

A 牛肉馅150克　牛奶10毫升　面包粉15克
蛋液15毫升　洋葱30克

B 汉堡面包1个　奶酪片1片　圆生菜适量
大番茄2片　酸黄瓜3片

配菜
薯块150克

调味料

A 盐1克　白胡椒粉1克　豆蔻粉1克

B 番茄酱20克

做法

1. 将洋葱切成圈，热锅后加入少许油，用中小火煎至金黄色，冷却备用。

2. 牛肉馅加入盐、白胡椒粉搅拌，再加入牛奶、面包粉、蛋液、豆蔻粉，摔打至产生黏性。

3. 取做法2的肉馅，用双手拍打成饼状。

4. 锅内加入少许油，放入牛肉饼，以小火慢煎至两面微焦，放入预热至200℃的烤箱烤约10分钟至熟。

5. 烤熟的牛肉饼放上做法1的洋葱圈、奶酪片，再放回烤箱烤至奶酪片软化即可。

6. 取汉堡面包烤热后，以圆生菜铺底，依次放入大番茄片、酸黄瓜片，再放入做法5的汉堡排。

7. 盖上汉堡面包，用竹扦固定，附上薯块及番茄酱。

欧姆蛋

材料

鸡蛋2颗　动物性鲜奶油20毫升
洋葱丁2大匙　蘑菇丁2大匙　青椒丁2大匙
奶酪丝1大匙　色拉油适量

配菜

A 生菜适量　洋葱片适量
　　罗马生菜适量　坚果适量　圆生菜适量
　　沙拉酱适量
B 薯饼2片　玉米片适量

调味料

盐少许　番茄酱60克　红醋膏适量

做法

1. 鸡蛋打成蛋液，放入动物性鲜奶油、盐，拌匀。
2. 平底锅烧热后加2大匙色拉油，放入做法1的蛋液，小火加热，以锅铲不停搅动。
3. 至蛋液呈半凝固状，熄火，加入洋葱丁、蘑菇丁、青椒丁，放上奶酪丝，以锅铲将蛋做成橄榄状，用锅边弧度定形。
4. 起锅后盛装入餐盘内，佐以番茄酱、配A的生菜沙拉、薯饼及玉米片即可。

独家秘籍

薯饼的制作

材料：

土豆半个　蛋黄半个　豆蔻粉少许　盐少许　白胡椒粉少许

做法：

1. 土豆去皮、刨丝，稍微洗去淀粉，挤干多余的水分，加入蛋黄、豆蔻粉、盐和白胡椒粉，拌匀。
2. 取平底锅加热倒入10毫升色拉油，土豆丝分成2片压平，用小火两面煎至上色熟透即可。

牛肉帕尼尼

材料

帕尼尼面包1个　萝蔓叶3片
酸黄瓜3片　大番茄片2片
奶酪片1片　黑胡椒牛肉片2片
洋葱丝适量

调味料

蜂蜜芥末酱适量

做法

1. 帕尼尼面包横切剖开后，放进意式帕尼尼三明治机中压烤加热2分钟。
2. 取出烤热的帕尼尼面包，以萝蔓叶铺底，再放入酸黄瓜片、大番茄片。
3. 将奶酪片斜对切成2片后放入做法2中，放入黑胡椒牛肉片后，挤入蜂蜜芥末酱，再放入洋葱丝即可。

独家秘籍

🍃 南瓜泥的制作

材料：

南瓜（中型）1个
红薯（中型）2个
香蕉（去皮）2厘米的段
蛋典酱30克　盐少许

做法：

1. 南瓜和红薯以2:1的比例，
   用锅蒸熟。

2. 蒸熟后取出，放凉后加入
   香蕉、蛋黄酱拌至稠状，
   再加入盐调味。

3. 取用时可用冰激凌勺挖一
   球于餐盘上即可。

🍃 金枪鱼沙拉酱的制作

材料：

A 金枪鱼罐头1罐　水煮蛋1个
　洋葱碎30克　酸黄瓜碎1条
　黑橄榄（切片）2颗

B 蛋典酱30克
　黑胡椒粉少许　柠檬汁5毫升

做法：

1. 将水煮蛋放入塑料袋中压
   碎后取出，备用。

2. 金枪鱼肉沥干，切碎，放
   入容器中，再加入水煮蛋
   碎和材料A，加入材料B，
   拌匀即可。

金枪鱼酪梨贝果

材料

贝果面包1个　圆生菜适量　大番茄2片
金枪鱼沙拉酱适量　酪梨块适量　黄油少许

配菜

生菜适量　面包丁适量　玉米片适量　南瓜泥1球

做法

1. 贝果面包涂上黄油，放入意式帕尼尼三明治机中压烤加热2分钟。

2. 取出烤热的贝果，以圆生菜铺底，放入大番茄片、金枪鱼沙拉酱，铺上少
   许酪梨块，附上生菜、面包丁、玉米片、南瓜泥即可。

墨西哥
烟熏鲑鱼手卷

材料
A 10寸墨西哥饼皮1张　圆生菜2片
罗马生菜丝1~2片　大番茄3片
烟熏鲑鱼2片　洋葱丝少许　新鲜帕马森奶酪
1大匙　培根丁（烤熟）1/2片　凯撒酱适量
B 鸡蛋1颗　动物性鲜奶油10毫升　奶酪丝少许
色拉油适量

配菜
玉米片适量

做法
1. 鸡蛋打成蛋液，加入动物性鲜奶油，拌匀。
2. 平底锅烧热后加入1大匙色拉油，放入做法1的蛋液，以中火煎成蛋皮，放入奶酪丝后，放上墨西哥饼皮加热后取出。
3. 将圆生菜、罗马生菜丝、大番茄片、烟熏鲑鱼、洋葱丝层层铺在饼皮上，撒上帕马森奶酪、培根丁，淋上凯撒酱。
4. 将饼皮顺势卷成长条形，切成4块，随餐盘放上玉米片即可。

意式薄饼

材料
10寸墨西哥饼皮1张　奶酪片2片
大番茄3片　蘑菇片少许
洋葱丝少许　青椒丝少许　德式香肠片适量

配菜
薯块150克（做法见P106）

调味料
番茄酱适量　千岛酱适量

做法
1. 烤箱预热至200℃。
2. 饼皮均匀涂抹番茄酱后铺上奶酪片。
3. 将大番茄片、蘑菇片、洋葱丝、青椒丝、德式香肠片铺满半面饼皮后，淋上番茄酱。
4. 馅料摆放完成后将饼皮对折，放入烤箱烤5分钟。
5. 取出后将薄饼切成三角块状，附上薯块及千岛酱作蘸酱即可。

独家秘籍

1. 在饼皮对折后的接口处可以放上少许奶酪使饼皮黏住，卖相更佳。
2. 蘸酱除千岛酱外，还可搭配番茄酱、塔塔酱。

热 特调奶茶

材料

红茶包3包（每包约2克）
奶精粉3大匙
草莓酱1大匙
人造黄油少许
柳橙皮少许

做法

1. 用热开水温壶温杯。温壶后放入奶精粉、草莓酱，将柳橙皮刮下约15条放入，再放入人造黄油、红茶包。
2. 注入热开水，将茶包轻轻抖动使茶的香味释出。
3. 将茶包略微上提，以吧匙搅拌均匀下方材料，再放回茶包，浸泡约1分钟即完成。

冰 特调奶茶

材料

红茶包3包（每包约2克）　奶精粉3大匙
蜂蜜20毫升　人造黄油少许　柳橙皮少许

做法

1. 取钢杯，放入奶精、蜂蜜，将柳橙皮刮下约15条放入，放入人造黄油、红茶包。
2. 注入热开水200毫升，拌匀，将茶包轻轻抖动使茶味香味释出。
3. 摇酒器（500毫升）中加入冰块至满杯，倒入钢杯中的材料，摇晃均匀。
4. 倒入装有冰块的杯中，挤入发泡鲜奶油装饰。

手工发泡鲜奶油

材料

植物性鲜奶油	300毫升
牛奶	70毫升
炼乳	15毫升
香草粉	3克

做法

1. 将鲜奶油、牛奶、炼乳倒入干净的搅拌盆中，用电动打蛋器的"快速"档搅打2.5～3分钟至八分发，加入香草粉续打1～2分钟至硬挺的九分发。
2. 打发后用刮刀填入18寸的裱花袋（锯齿状花嘴）备用。

比利时格子松饼

材料

比利时松饼粉500克　全蛋85克
无盐黄油227克　牛奶225毫升
速发干酵母（棕）4克　珍珠糖80克

做法

1. 无盐黄油隔水加热融化。
2. 蛋打匀，加入牛奶拌匀，加黄油液搅拌均匀，加入酵母拌匀（若想制作伯爵茶口味，于此时加入捣碎去除茶枝的伯爵红茶叶25克），再加入松饼粉搅拌均匀。
3. 加入珍珠糖拌匀，用保鲜膜盖好，室温静置1～2小时发酵。
4. 蒸烤前喷烤盘油，用12号冰激凌勺挖取约80克（1片量）面团，放入预热至180℃的比利时松饼机烤盘的中间，压下上盖，将烤盘翻转180℃，重力挤压加热3分钟。
5. 到时间后翻转正，打开上盖，取出松饼装盘，可装饰水果与发泡鲜奶油，附上蜂蜜。

比利时抹茶红豆松饼

材料

比利时松饼粉	500克
全蛋	85克
无盐黄油	227克
牛奶	225毫升
速发干酵母（棕）	4克
特制抹茶粉	30克
蜜红豆	50克

做法

1. 无盐黄油隔水加热融化。
2. 蛋打匀，加入牛奶拌匀，加黄油液搅拌均匀，加入酵母拌匀，再加入松饼粉搅拌均匀。
3. 加入抹茶粉、蜜红豆拌匀，用保鲜膜盖好，室温静置1～2小时发酵。
4. 蒸烤前喷烤盘油，用12号冰激凌勺挖取约80克（1片量）面团，放入预热至180℃的比利时松饼机烤盘的中间，压下上盖，将烤盘翻转180℃，重力挤压加热3分钟。
5. 到时间后翻转正，打开上盖，取出松饼装盘，可装饰水果与发泡鲜奶油，附上蜂蜜。

独家秘籍

珍珠糖由甜菜制成，为比利时的特产，耐高温烘焙，在烘烤过程中仅会有部分融化，融化部分会在表面形成薄薄的焦糖。打好的面糊可冷藏保存4天。

111

图书在版编目（CIP）数据

咖啡师宝典：咖啡控必备的第一本书 / 杨海铨著
. -- 北京：中国纺织出版社，2019.4（2021.5重印）

ISBN 978 - 7 - 5180 - 5799 - 3

Ⅰ.①咖… Ⅱ.①杨… Ⅲ.①咖啡—基本知识 Ⅳ.
①TS273

中国版本图书馆 CIP 数据核字（2018）第 279340 号

责任编辑:舒文慧　　责任校对:王花妮
责任印制:王艳丽

中国纺织出版社出版发行
地址:北京市朝阳区百子湾东里 A407号楼　邮政编码:100124
销售电话:010— 67004422　传真:010— 87155801
http://www. c-textilep. com
E-mail:faxing@ c-textilep. com
中国纺织出版社天猫旗舰店
官方微博 http://weibo. com/2119887771
北京华联印刷有限公司印刷　各地新华书店经销
2019 年 4 月第 1 版　2021 年 5 月第 3 次印刷
开本:710×1000　1/16　印张:7
字数:130 千字　　定价:58. 00 元